ISSN 0021-1915

16. JAHRGANG · SEITEN 145—184 · BERLIN MAI 1980

IPRAX 16 16 (5) 145—184 (1980) 32036

5

isotopenpraxis

THEORIA CUM PRAXI

EVP 9,—M

AKADEMIE-VERLAG

ISOTOPENPRAXIS

herausgegeben von J. Mühlenpfordt, Berlin · C. F. Weiss, Leipzig

An unsere Autoren

Die Zeitschrift veröffentlicht Beiträge zu folgenden Themen: Kontrolle und Analyse radioaktiver und stabiler Isotope, Anwendung radioaktiver und stabiler Isotope in allen Gebieten der Forschung und Technik, der Industrie, Landwirtschaft und Medizin, Herstellung radioaktiver und stabiler Isotope sowie von markierten Verbindungen, kernelektronische Geräte für die Isotopenanwendung (Dickenmesser, Dichtemesser u. ä.) Detektoren für isotopentechnische Arbeiten und den Strahlenschutz in Isotopenlaboratorien, Meßtechnik und Strahlenschutz, Dosimetrie in Isotopenlaboratorien, kerntechnische Geräte für die Isotopenanwendung (Betron, Bestrahlungsanlagen u. ä.), Strahlenchemie, Radiochemie, ökonomische und perspektivische Fragen, Fragen der Weiterbildung.

1. Aufnahme von Manuskripten

Zur Veröffentlichung angenommen werden nur druckreife, noch nicht anderweitig publizierte Beiträge in deutscher, englischer oder russischer Sprache zum Themenbereich der Zeitschrift und zwar

- Originalarbeiten
- Kurze Originalmitteilungen
- Aus der Praxis
- Zusammenfassende Berichte
- Tagungsberichte
- Informationen.

Sind der Beitrag oder Teile daraus bereits veröffentlicht oder ist eine anderweitige Veröffentlichung vorgesehen, so muß dies der Redaktion mit genauer Angabe der Zweitveröffentlichung mitgeteilt werden. Mit der Annahme des Manuskriptes behält sich der Verlag das Recht der Vervielfältigung, Verbreitung und Übersetzung innerhalb der gesetzlichen Schutzfrist vor. Auszugsweiser Nachdruck oder photomechanische u. a. Wiedergabe sind an eine schriftliche Genehmigung des Verlages gebunden. Manuskripte, Zeichnungen und Photos von veröffentlichten Arbeiten werden nur auf den besonderen und bis zum Zeitpunkt der Veröffentlichung mitgeteilten Wunsch des Autors zurückgesandt.
Bei der unverlangten Einreichung von Manuskripten wird empfohlen, eine Befürwortung eines der Herausgeber oder Redaktionsausschußmitglieder beizufügen.
Manuskripte sind einzureichen bei der Redaktion, DDR-1080 Berlin, Leipziger Str. 3–4.

2. Form der Manuskripte

Die Autoren werden gebeten:
2 Manuskripte, eines davon in Original-Maschinenschrift, einseitig und mit 2zeiligem Abstand einzureichen; gut leserliche Photokopien sind zulässig; auf dem 1. Blatt (unter Weglassung der Bezeichnung)
den Titel der Arbeit
Vorname-Initialen und Namen sämtlicher Autoren
gegebenenfalls die Institution, in der sie tätig sind
eine kurze Zusammenfassung der Arbeit von höchstens 15 Zeilen
Keywords in alphabetischer Reihenfolge und
als Fußnote die Anschrift der Institution anzugeben;
wenn möglich auf gesonderten Blättern Namen, Titel der Arbeit und Zusammenfassung in den beiden anderen obengenannten Sprachen 2fach beizufügen;
Literaturhinweise (fortlaufend numeriert), Fußnoten, Tabellen, Abbildungen (in etwa 2facher Veröffentlichungsgröße), Abbildungsunterschriften (getrennt von den Abbildungen, mit Zeichenerklärungen, Quellenangaben, falls erforderlich, und gegebenenfalls mit einem Vermerk für besondere Wünsche bezüglich der Abbildungsgröße), private und Dienstanschrift der Verfasser mit akademischen Titeln und ausgeschriebenen Vornamen auf besonderen Blättern ans Ende des Manuskriptes zu stellen;
Wünsche für den Kolumnentitel (Seitenüberschrift) bekanntzugeben;
Absätze durch Einzüge von mindestens 3 Anschlägen kenntlich zu machen;
die Maßeinheiten des SI-Systems ("Système International") zu verwenden;
Korrekturen im Manuskript unmittelbar an der zu korrigierenden Stelle anzubringen;
Formeln deutlich lesbar und möglichst groß einzutragen;
Farbabbildungen und nachträgliche Änderungen oder Ergänzungen in Abbildungen zu vermeiden;
hervorzuhebende Textstellen zu unterstreichen, und zwar halbfetten Satz mit einer geraden schwarzen Linie, kursiven Satz (Schrägschrift) mit einer blauen Wellenlinie (alle Eigennamen). Sperrungen gestrichelt;
besondere Buchstaben durch farbige Unterstreichung zu kennzeichnen, und zwar Formelzeichen in

Griechisch-Kursiv (α, β, ...) rot,
Kursiv (*A*, *B*, ...) blau
halbfetter Kursiv (***A***, ***B***, ...) 2 Linien blau (Vektoren),
halbfetter Grotesk (**A**, **B**, ...) 2 Linien violett (Tensoren);

bei Literaturangaben auf Vollständigkeit zu achten. In nachstehender Reihenfolge müssen angegeben sein:

a) bei *Zeitschriften*: Vorname-Initialen und Namen sämtlicher Autoren, Titel der Zeitschrift (nach „Periodica Chimica" oder möglichst wenig gekürzt), Bandnummer (unterstrichen), Jahreszahl (in Klammern), Heftnummer (nur bei Zeitschriften, die jedes Heft mit S. 1 beginnen) sowie die Seitenzahl, auf der die zitierte Arbeit beginnt.

b) bei *Büchern*: Initialen der Vornamen und Name des Autors (Herausgeber werden durch den Zusatz „ed." gekennzeichnet), voll ausgeschriebener Titel des Buches in der Originalsprache, evtl. Bandnummer, voll ausgeschriebener Name des Verlages, Nummer der Auflage (außer der ersten), Erscheinungsort(e), Erscheinungsjahr (hier nicht in Klammern setzen!) und evtl. Kapitelnummer, Seitenzahl u. ä.

c) bei *Sammelbänden, Tagungsberichten*: Es soll zusätzlich der Titel des zitierten Beitrags angegeben werden. Die Seitenzahl muß unbedingt angegeben werden. Aus dem Zitat muß hervorgehen, ob es sich um einen Tagungssammelband oder um einen noch nicht veröffentlichten Vortrag handelt. Zwischen Tagungsort und Erscheinungsort des entsprechenden Tagungsberichts ist zu unterscheiden.

3. Korrekturen

Der Autor erhält zwei Umbruchabzüge, von denen einer möglichst schnell korrigiert an die Redaktion zurückgereicht werden soll. Auf Wunsch des Autors kann die Korrektur auch von der Redaktion gelesen werden.

Durch nachträgliche Manuskriptänderungen verursachte Korrekturkosten gehen, sofern sie 10% der Satzkosten übersteigen zu Lasten des Autors.

Der Autor erhält 50 Sonderdrucke kostenlos. Weitere Sonderdrucke können bis zur Rückgabe der Korrekturabzüge auf Kosten des Autors bei der Redaktion bestellt werden.

Bezugsmöglichkeiten

Bestellungen sind zu richten

- **in der DDR** an den Postzeitungsvertrieb; an eine Buchhandlung oder an den AKADEMIE-VERLAG, DDR-1080 Berlin, Leipziger Straße 3–4
- **im sozialistischen Ausland** an eine Buchhandlung für fremdsprachige Literatur oder an den zuständigen Postzeitungsvertrieb
- **in der BRD und Westberlin** an eine Buchhandlung oder an die Auslieferungsstelle KUNST UND WISSEN, Erich Bieber, 7000 Stuttgart 1, Wilhelmstraße 4–6
- **in Österreich** an den Globus-Buchvertrieb, 1201 Wien, Höchstädtplatz 3
- **in den übrigen westeuropäischen Ländern** an eine Buchhandlung oder an die Auslieferungsstelle KUNST UND WISSEN, Erich Bieber GmbH, CH-8008 Zürich/Schweiz, Dufourstraße 51
- **im übrigen Ausland** an den Internationalen Buch- und Zeitschriftenhandel; den Buchexport, Volkseigener Außenhandelsbetrieb der Deutschen Demokratischen Republik, DDR-7010 Leipzig, Postfach 160, oder an den AKADEMIE-VERLAG, DDR-1080 Berlin, Leipziger Straße 3–4

Zeitschrift „Isotopenpraxis"

Herausgeber: Im Auftrag des Akademie-Verlages herausgegeben von Prof. Dr. Justus Mühlenpfordt und Prof. Dr. Carl Friedrich Weiss
Verlag: Akademie-Verlag, DDR-1080 Berlin, Leipziger Straße 3–4; Fernruf 2236221 oder 2236229; Telex-Nr. 114420;
Bank: Staatsbank der DDR, Berlin, Kto.-Nr.: 6836-26-20712
Chefredakteur: Dr. Klaus Uhlig, Berlin
Anschrift der Redaktion (Fernruf: 6351177) der Zeitschrift Isotopenpraxis: Akademie-Verlag, DDR-1080 Berlin, Leipziger Str. 3–4
Veröffentlicht unter der Lizenznummer 1527 des Presseamtes beim Vorsitzenden des Ministerrates der Deutschen Demokratischen Republik
Gesamtherstellung: VEB Druckerei „Thomas Müntzer", DDR-5820 Bad Langensalza
Erscheinungsweise: Die Zeitschrift „Isotopenpraxis" erscheint monatlich. Die 12 Hefte eines Jahrganges bilden einen Band. Bezugspreis je Band 144,— M zuzüglich Versandspesen (Preis für die DDR 108,— M), Preis je Heft 12,— (Preis für die DDR 9,— M)
Bestellnummer dieses Heftes: 1079/16/5

AN (EDV) 12831

ISOTOPENPRAXIS ISSN 0021-1915

Band 16 (1980) Heft 5, S. 145–184

Redaktion und Verlag: Akademie-Verlag, Redaktion Isotopenpraxis, 1080 Berlin, Leipziger Straße 3–4

Inhaltsverzeichnis

Originalarbeiten

M. P. Kotschina, W. I. Fominych, M. F. Judin, M. Dereзinski, N. Paź, J. Hiżo, M. Peter, A. Lénárt, H. Rothe, H. Korn, K. Helmstädter, H. Lundie

RGW-Vergleich der Normalmeßeinrichtungen zur Darstellung und Weitergabe der Einheit der Exposition von Quantenstrahlung im Röntgen-Anregungsspannungsbereich von 60 bis 250 kV

Isotopenpraxis 16 (1980) H. 5, S. 145 bis 150
1 Abb., 8 Tab., – Lit.

Es wird über einen Vergleich der Normalmeßeinrichtungen zur Darstellung der Expositionseinheit von Quantenstrahlung für Röntgenstrahlung im Anregungsspannungsbereich von 60 bis 250 kV im Rahmen der Ständigen Kommission des RGW für Standardisierung berichtet, an dem die metrologischen Staatsinstitute der UdSSR (VNIIM), der VRP (PkNMiJ), der UVR (OMH) und der DDR (ASMW) beteiligt waren. Für den Vergleich wurden drei kleinvolumige Hohlraumionisationskammern als Übertragungsnormale verwendet, für die durch Anschluß an die Normalmeßeinrichtungen die Kammerkonstanten zu bestimmen waren. Die Meßergebnisse zeigten, daß die Abweichungen der in den beteiligten Ländern ermittelten Werte vom RGW-Mittelwert unter 1% lagen.

H. E. Schmidt, L. Bölke, A. Herzmann, H. Herzmann

Die Bestimmung der spezifischen Aktivität trägerarmer Radiojodidlösungen durch papierchromatographische Ermittlung der prozentualen Radioaktivitätsverteilung auf die Jodsubstitutionsprodukte von Bromsulfan

Isotopenpraxis 16 (1980) H. 5, S. 150 bis 157
6 Abb., 4 Tab., 33 Lit.

Es wird eine neue Methode zur Bestimmung der spezifischen Aktivität trägerarmer Radiojodidlösungen zwischen 5 und 17 Ci/mg (185 bis 630 GBq/mg) beschrieben, die wesentlich einfacher ist als die bekannten, zum Teil sehr komplizierten Mikroanalysenmethoden und im Prinzip auf eine einfache Trennung eines Radiojodierungsgemisches hinausläuft. Hierzu werden 1 bzw. 2 nmol Bromsulfan (BSP) mit einer exakt zu messenden Menge $Na^{125}J$ bzw. $Na^{131}J$ unter Verwendung von Chloramin *T* radiojodiert. Da die Reaktionsgeschwindigkeitskonstanten der Mono- und Dijodierung des Bromsulfans nicht differieren, ist es möglich, aus der papierchromatographisch ermittelten prozentualen Radioaktivitätsverteilung das molare Verhältnis der an ein BSP-Molekül gebundenen Jodatome zu berechnen. Bei bekannter BSP-Menge läßt sich daraus die an der Radiojodierung beteiligte Jodmasse ableiten.
Bei der Radiojodierung mit Chloramin *T* wird jedoch kein 100%iger Jodeinbau erreicht. Die gemessene Aktivitätsmenge muß deshalb durch einen Faktor korrigiert werden, der aus dem Ergebnis der papierchromatographischen Trennung des Reaktionsgemisches abgeleitet wird und der lediglich die auf Mono- und Dijod-BSP entfallenden Radioaktivitätsanteile, nicht dagegen das anorganische Radiojodid berücksichtigt. Die spezifische Aktivität der verwendeten Radiojodidlösung ergibt sich dann als Quotient der korrigierten Radioaktivitätsmenge und der berechneten Radiojodmasse. Wir verglichen die erhaltenen Ergebnisse mit den nach einer Referenzmethode gefundenen Werten. Hierbei hatten wir die spezifischen Aktivitäten von $Na^{125}J$ aus T3-RIA-Standardkurven mit ^{125}J-T3-Tracern bestimmt, die unter Verwendung dieses $Na^{125}J$ präpariert wurden. Es wurde eine Präzision mit einem mittleren Variationskoeffizienten von $\pm 4\%$ festgestellt.

L. Sitnik, J. Kuśmidrowicz, Z. Banasik

Erfahrungen bei der Anwendung der ^{85}Kr-Methode zur Temperaturmessung an Motorkolben

Isotopenpraxis 16 (1980) H. 5, S. 158 bis 167
11 Abb., 7 Tab., 3 Lit.

Am Beispiel von Untersuchungen am Kolben eines Dieselmotors wird ein Verfahren der Bestimmung maximaler Temperaturen beschrieben, welche in dem Element auftreten, das mit Hilfe des Isotops ^{85}Kr markiert ist. Die Brauchbarkeit dieses Verfahrens für die Motoruntersuchungen wurde nachgewiesen, sowie die Möglichkeiten seiner Anwendung bei der Korrelation der Verteilung maximaler Temperaturen im Kolben mit dem Motorverschleiß und besonders mit dem Spiel zwischen dem Kolben und dem Zylinder und den Einstellungen der Einspritzapparatur.

A. Wyrzykowska, A. Lutze-Birk, L. Waliś

Vergleich verschiedener Varianten des Schichtenteilungsverfahrens zur Bestimmung von Diffusionskoeffizienten

Isotopenpraxis 16 (1980) H. 5, S. 168 bis 173
4 Abb., 2 Tab., 12 Lit.

Das Schichtenteilungsverfahren mit Messungen der Aktivität abgetragener Schichten und der Probenrestaktivität wurde an Beispielen vieler Diffusionsuntersuchungen unter Anwendung verschiedener Radioisotope geprüft. Bestimmung der Diffusionskoeffizienten und Fehleranalyse werden zur Prüfung der Zuverlässigkeit gewonnener Ergebnisse ausgenützt. Vergleich der Experimente mit verschiedenen Diffusionsquellen und Auswertungsmethoden zeigen, daß unter Beachtung entsprechender Auswertungsbedingungen eine Restaktivitätsmessung ebensogut wie das Schichtenteilungsverfahren mit Messung abgetragener Schichten zur Bestimmung von Diffusionskoeffizienten angewendet werden kann.

U. Herrmann, W. Görner

Anwendung kurzlebiger Nuklide bei der zerstörungsfreien Neutronenaktivierungsanalyse in Sonderwerkstoffen

Isotopenpraxis 16 (1980) H. 5, S. 174 bis 175
– Abb., 2 Tab., 2 Lit.

Es wird über die Anwendung kurzlebiger Nuklide bei der zerstörungsfreien Neutronenaktivierungsanalyse von Al, V, Cu und Nb in Sonderwerkstoffen berichtet. Dabei werden besonders die Fehlereinflüsse diskutiert, die das Analysenergebnis beeinflussen. Als relative Gesamtstandardabweichung des Verfahrens wurde der Wert 0,014 erreicht, wenn der Beitrag der Zählstatistik < 1 rel.-% gehalten werden konnte.

Kurze Originalmitteilungen

V. Jovanović, V. Knez-Rezo

Kontroll-Besteck für die Ermittlung von Insulin mit Radioimmunoassay-Verfahren (*in Englisch*)

Isotopenpraxis 16 (1980) H. 5, S. 176 bis 177
– Abb., 3 Tab., 3 Lit.

Tagungsberichte

Isotopenpraxis 16 (1980) H. 5, S. 178

Informationen

Isotopenpraxis 16 (1980) H. 5, S. 179 bis 180

Buchbesprechungen

Isotopenpraxis 16 (1980) H. 5, S. 181 bis 184

ISOTOPENPRAXIS

Band 16 (1980) Heft 5, S. 145–184

Redaktion und Verlag: Akademie-Verlag, Redaktion Isotopenpraxis, 1080 Berlin, Leipziger Straße 3–4

Contents

Articles

M. P. Kotschina, W. I. Fominych, M. F. Judin, M. Dereżinski, N. Paź, J. Hiżo, M. Peter, A. Lénárt, H. Rothe H. Korn, K. Helmstädter, H. Lundie

CMEA-Comparison of the Standard Measuring Devices for the Representation and the Transfer of the Exposure Unit of Photon Radiation in the Reach of the Stimulating Voltages from 60 to 250 kV

Isotopenpraxis 16 (1980) No. 5, p. 145 to 150
1 Fig., 8 Tab., – Ref.

A comparison of the standard measuring devices for the representation of the exposure unit of photon radiation for X-radiation in the reach of the stimulating voltage from 60 to 250 kV inside the Permanent Commission of the CMEA for Standardisation is reported, in which the metrological state institutes of the USSR (WNIIM), Poland (PkNMiJ), Hungary (OMH) and GDR (ASMW) had taken part. For the comparison three small voluminated hollow ionisation chambers were used as the transfer etalons, for which the chamber constants were determined through connection with the standard measuring devices.
The results of the measurements showed, that the differences of the results in the participating countries against the middle value of CMEA are smaller than 1 %.

H. E. Schmidt, L. Boelke, A. Herzmann, H. Herzmann

Determination of the Specific Activity of Radioiodine Solutions Poor in Carriers, through Paper-Chromatographic Determination of Percentage Distribution of Radioactivity over the Products of Iodine Substitution in Bromosulphane

Isotopenpraxis 16 (1980) No. 5, p. 150 to 157
6 Fig., 4 Tab., 33 Ref.

A new method of determination of the specific activity of radioiodine solutions poor in carriers ranging from 5 to 17 Ci/mg (185 to 630 GBq/mg) is described. Being by far simpler than the existing ones, it involves in principle simple separation of a mixture of radioiodines. To perform it, 1 or 2 nmol of bromosulphane (BSP) having an exactly measurable quantity of $Na^{125}J$ or $Na^{131}J$, respectively, are radioiodinated using chloramine *T*. As the reaction rate constants of bromosulphane monoiodination and diiodination are the same, it is possible on the basis of the percentage distribution of radioactivity determined by means of paper chromatography to calculate the molar ratio of ionide atoms bonded to a BSP molecule. With the quantity of BSP known, the quantity of iodine participating in the process of radioiodination can be derived.
However, radioiodination with chloramine *T* does not yield 100 percent iodine bonding. Therefore, the quantity of activity measured has to be corrected by a factor, which is derived from the result of paper-chromatographic separation of the reaction mixture, and which takes into account the shares of radioactivity provided by mono- and diiodine BSP rather than the inorganic radioiodine. So, the specific activity of the used radioiodine solution is represented by the quotient of the corrected quantity of radioactivity and the calculated quantity of radioiodine.
The yielded results have been compared with the values found with the aid of some reference method. The specific activities of $Na^{125}J$ had been determined by means of ^{125}J-T_3 tracers prepared by using this $Na^{125}J$ from T_3-RIA standard curves. An accuracy has been found out with a mean variation coefficient ranging ±4 percent.

L. Sitnik, J. Kushmidrovich, Z. Banasik

The Harmful Effect of Support Separation from the First Piston Ring on Heat Transfer from the Piston Head to the Piston Rings

Isotopenpraxis 16 (1980) No. 5, p. 158 to 167
11 Fig., 7 Tab., 3 Ref.

Содержание

Статьи

М. П. Кочина, В. И. Фоминых, М. Ф. Юдин, М. Дерезинский, Н. Паз, И. Хизо, М. Петер, А. Ленарт, Х. Роте, Х. Корн, К. Хельмштедтер, Х. Лунди

Проведенное на уровне СЭВ сравнение эталонных измерительных устройств для определения и распространения единицы дозы квантового излучения в пределах вызванного рентгеновским излучением напряжения от 60 до 250 *кв*.

Isotopenpraxis 16 (1980) вып. 16, стр. 145 до 150
1 рис., 8 табл., – лит.

Докладывается о сравнении эталонных измерительных устройств для определения единицы дозы квантового излучения применительно к рентгеновскому излучению в пределах напряжения возбуждения от 60 до 50 кв., проведенном в рамках Постоянной Коммиссии СЭВ по Стандартизации с участием государственных метрологических институтов СССР (ВНИИМ), ПНР (ПкНиМ), ВНР (ОМН) и ГДР (АСМВ). Для сравнения в качестве нормалей передачи были использованы три полых ионизационных камер малого объема, постоянные которых следовало определить путем присоединения к эталонным измерительным устройствам. Результаты измерений показали, что в участовавших странах отклонения полученных данных от средней величины, установленной на уровне СЭВ, лежат ниже 1 %.

Х. Э. Шмидт, Л. Бельке, А. Херцманн, Х. Херцманн

Определение удельной активности бедных носителем радиойодидных растворов путем бумажной хроматографии процентного распределения радиоактивности по продуктам замещения йода в бромосульфане

Isotopenpraxis 16 (1980) вып. 16, стр. 150 до 157
6 рис., 4 табл., 33 лит.

Описывается новый метод определения удельной активности бедных носителем радиойодидных растворов в пределах от 5 до 17 Ci/мг (185 до 630 *GBq/мг*), который намного проще известных микроанализов и который в принципе основывается на простом разделении смеси радиойодирования. Для этого, 1 или 2 моль бромосульфана (BSP) с точно измеряемым количеством $Na^{125}J$ или $Na^{131}J$ радиойодируются с применением хлорамина Т. В виду того, что постоянные скорости реакции в связи с монойодированием и дийодированием бромосульфана не расходятся, представляется возможным определить расчетом молярное отношение связанных с молекулой BSP атомов йода на основании определившегося методом бумажной хроматографии процентного распределения радиоактивности. Когда известно количество BSP, можно вывести участвующее в радиойодировании количество йода. Однако, радиойодирование с помощью хлорамина *T* не приводит к 100 %ому встраивания йода. Поэтому определившееся измерением количество активности следует поправить фактором, выведенным из результата осуществившегося бумажной хроматографией разделения смеси реакции, который учитывает только лишь доли радиоактивности моно- и дийод-BSP, а не учитывает неорганический радиойодид. Тогда, удельная активность применившегося радиойодидного раствора получается как частное поправленного количества радиоактивности и определившегося расчетом количества радиойода.
Полученные результаты подвергались сравнению с данными, найденными методом сопоставления. При этом, удельная активность $Na^{125}J$ была определена из препарированных с использованием этого же $Na^{125}J$ стандартных кривых по T_3-РИА с ^{125}J-T_3 в качестве индикаторов. Была установлена точность со средним коэффициентом вариации ±4 %.

Л. Ситник, И. Кушмидрович, З. Баназик

Отрицательное влияние отделения кольцедержателя от первого поршневого кольца на теплопередачу от днища поршня к порневым кольцам

Isotopenpraxis 16 (1980) вып. 5, стр. 158 до 167
11 рис., 7 табл., 3 лит.

RGW-Vergleich der Normalmeßeinrichtungen zur Darstellung und Weitergabe der Einheit der Exposition von Quantenstrahlung im Röntgen-Anregungsspannungsbereich von 60 bis 250 kV

M. P. Kotschina, W. I. Fominych, M. F. Judin

(Wissenschaftliches Allunions-Forschungsinstitut für Metrologie „D. I. Mendelejew" der UdSSR, WNIIM)[1])

M. Derezinski, N. Paź

(Polnisches Komitee für Standardisierung Maß und Qualität PKNMiJ)[2])

J. Hiżo, M. Peter, A. Lénárt

(Staatliches Amt für Meßwesen der UVR, OMH)[3])

H. Rothe, H. Korn, K. Helmstädter, H. Lundie

(Amt für Standardisierung, Meßwesen und Warenprüfung der DDR, ASMW)[4])

Es wird über einen Vergleich der Normalmeßeinrichtungen zur Darstellung der Expositionseinheit von Quantenstrahlung für Röntgenstrahlung im Anregungsspannungsbereich von 60 bis 250 kV im Rahmen der Ständigen Kommission des RGW für Standardisierung berichtet, an dem die metrologischen Staatsinstitute der UdSSR (WNIIM), der VRP (PKNMiJ), der UVR (OMH) und der DDR (ASMW) beteiligt waren.
Für den Vergleich wurden drei kleinvolumige Hohlraumionisationskammern als Übertragungsnormale verwendet, für die durch Anschluß an die Normalmeßeinrichtungen die Kammerkonstanten zu bestimmen waren. Die Meßergebnisse zeigten, daß die Abweichungen der in den beteiligten Ländern ermittelten Werte vom RGW-Mittelwert unter 1% lagen.

(D15) INIS DESCRIPTORS:

accuracy; calibration standards; COMECON; comparative evaluations; German DR organizations; Hungary; ionization chambers; keV range 10—100; keV range 100—1000; Poland; radiation dose units; standardization; USSR organizations; X radiation

1. Einleitung

Für die weitere Verbesserung der Qualität der Erzeugnisse und die Erhöhung des technologischen Niveaus der Produktion in den RGW-Ländern sowie für den ständig steigenden Warenaustausch zwischen diesen Ländern erweist sich ein hochentwickeltes Meßwesen immer mehr als ein bestimmender Faktor. Die wissenschaftlich-technische Zusammenarbeit der metrologischen Staatsinstitute der RGW-Länder im Rahmen der Ständigen Kommission des RGW für Standardisierung (SKS), Sektion Metrologie, ist deshalb insbesondere darauf gerichtet, die metrologische Basis für alle volkswirtschaftlich wichtigen Gebiete der Meßtechnik kontinuierlich zu verbessern und die Einheitlichkeit und Richtigkeit der Messungen in allen Bereichen zu sichern.

Über die gemeinsamen Bestrebungen zur Neu- und Weiterentwicklung der höchsten staatlichen Normale und vielfältige andere Aktivitäten hinaus bildet die in den letzten Jahren eingeleitete Schaffung von RGW-Normalen zur Darstellung der Einheiten physikalischer Größen einen wichtigen Schritt auf diesem Wege. So wurde im Jahre 1974 als erstes RGW-Normal auf dem Gebiet der ionisierenden Strahlung das zur Darstellung der Einheit der Exposition von Quantenstrahlung im Energiebereich von 8 keV bis 3 MeV gebildet und von der SKS bestätigt. Es handelt sich hierbei um ein Gruppennormal, das sich aus den höchsten staatlichen Normalen mehrerer RGW-Länder (UdSSR, VRP, UVR, DDR) zusammensetzt, wobei jedes staatliche Normal wiederum aus einem Satz von Normalmeßeinrichtungen für Quantenstrahlung verschiedener Energiebereiche besteht. Sechs weitere RGW-Normale für Meßgrößen ionisierender Strahlung wurden seitdem geschaffen. Um die RGW-Normale auf einem hohen wissenschaftlich-technischen Niveau zu halten, sind ständig theoretische und experimentelle Arbeiten zur weiteren Verbesserung und Vervollkommnung der entsprechenden Normalmeßeinrichtungen durchzuführen, und es ist darüber hinaus im Rahmen von RGW-Vergleichsmessungen die Übereinstimmung der mit diesen Einrichtungen erhaltenen Meßwerte in regelmäßigen Abständen zu überprüfen. In der Dokumentation für das RGW-Normal der Einheit der Exposition von Quantenstrahlung ist festgelegt, daß derartige Vergleiche, an denen sich auch die übrigen RGW-Länder beteiligen können, in Abständen von höchstens 4 bis 5 Jahren stattfinden.

Im folgenden wird über einen Vergleich der Normalmeßeinrichtungen zur Darstellung der Expositionseinheit für Röntgenstrahlung im Anregungsspannungsbereich von 60 bis 250 kV berichtet. An diesem Vergleich beteiligten sich die metrologischen Staatsinstitute der UdSSR (WNIIM), der VRP (PKNMiJ), der UVR (OMH) und der DDR (ASMW).

2. Die Normalmeßeinrichtungen der Teilnehmer

Alle am Vergleich beteiligten Staatsinstitute verwenden zur Darstellung der Einheit der Exposition von Röntgen-

Anschriften: [1]) 198005 Leningrad, Moskauer Prospekt 19; [2]) Warszawa 1, Elektoralna 2; [3]) H-1124 Budapest XII, Németvölgyi ut 37/39; [4]) DDR-1026 Berlin, Wallstr. 16

Tab. 1. Parameter der Normalionisationskammern der am Vergleich beteiligten RGW-Länder

Parameter/mm	Normalionisationskammer des			
	OMH	ASMW	PKNMiJ	WNIIM
Durchmesser der Meßblende	9,83	10,51	10,28	8,16
Effektive Länge der Meßelektrode	—	300,2	99,88	130,62
Abstand der Ebene der Meßblende vom Zentrum der Meßelektrode	465	526	393,3	376
Abstand zwischen Meß- und Potentialelektrode	321	400	239,9	—
Radius der Potentialelektrode	—	—	—	160
Effektive Höhe der Meßelektrode	320,5	400	280,6	—
Durchmesser der Meßelektrode	—	—	—	4
Spaltbreite zwischen Meß- und Schutzelektrode	0,5	1,0	0,4	—

strahlung im genannten Anregungsspannungsbereich Normalmeßeinrichtungen, die auf Freiluftionisationskammern basieren. Diese Ionisationskammern unterscheiden sich im Typ und in den technischen Parametern. Im PKNMiJ, OMH und ASMW handelt es sich um Parallelplattenkammern, im WNIIM um Zylinderkammern. Die grundlegenden Parameter der verwendeten Ionisationskammern sind in Tab. 1 zusammengestellt. Da einerseits die geometrischen Abmessungen der meisten Ionisationskammern so gewählt sind, daß sie Messungen bis zu Anregungsspannungen von 300 kV bzw. 400 kV ermöglichen, andererseits die maximale Anregungsspannung beim Vergleich 250 kV betrug, kommen diesbezügliche Unterschiede zwischen den einzelnen Ionisationskammern noch nicht zum Tragen.

Die Bestimmung der Exposition zur Darstellung der Einheit in Röntgen*) erfolgte in allen teilnehmenden Institutionen nach der Beziehung:

$$X = \frac{10^4\,Q}{2{,}58\;V \cdot \varrho_0}\,K_{\varrho_0} K_{\mathrm{h}} K_{\mathrm{a}} K_{\mathrm{sc}} K_{\mathrm{e}} K_{\mathrm{s}} K_{\mathrm{d}} K_{\mathrm{f}} K_{\mathrm{cep}} \qquad (1)$$

wobei

- Q der Wert der gemessenen Ladung in Coulomb (Mittelwert der bei positiver und negativer Polarität der Potentialelektrode gemessenen Ladungen)
- V das Meßvolumen in m^3
- ϱ_0 die Dichte der Luft bei 0 °C und $1{,}01324 \cdot 10^5$ Pa (760 Torr) in kg/m^3 ($= 1{,}293\ kg/m^3$)
- K... die Korrektionskoeffizienten für
- K_{ϱ_0} die Luftdichte
- K_{h} die Luftfeuchte
- K_{a} die Absorption der Strahlung in der Luftschicht zwischen der Meßblende und dem Zentrum der Meßelektrode
- K_{sc} den Ionisationsanteil durch die aus dem Meßvolumen herausgestreute Strahlung
- K_{e} die unvollständige Ausnutzung des Ionisationsvermögens der Elektronen
- K_{s} die unvollständige Sättigung des Ionisationsstromes
- K_{d} die Durchstrahlung der Meßblende
- K_{f} die Verzerrung des elektrischen Feldes innerhalb der Ionisationskammer
- K_{cep} die Verschiebung des effektiven Zentrums der Ionisation in der Ionisationskammer

*) Da die Durchführung des Vergleichs noch vor den in letzter Zeit eingeleiteten Maßnahmen für den schrittweisen Übergang zum Internationalen Einheissystem (SI) erfolgte, wird hier an Stelle der SI-Einheit Coulomb je Kilogramm noch die Einheit Röntgen verwendet.

bedeuten. In Tab. 2 sind die Werte der Korrektionskoeffizienten zusammengestellt, die für die beim Vergleich vorliegenden Meßbedingungen experimentell bestimmt bzw. rechnerisch ermittelt wurden. Die Fehlergrenzen der in die Beziehung (1) eingehenden Größen sind in Tab. 3 angeführt.

3. Die Übertragungsnormale

Als Übertragungsnormale für den Vergleich der Normalmeßeinrichtungen wurden drei Hohlraumionisationskammern verwendet, von denen je eine vom OMH, vom ASMW und vom PKNMiJ zur Verfügung gestellt wurde. Die Parameter dieser Kammern sind in Tab. 4 angegeben. Eine Kontrollstrahlungsquelle des Nuklids $^{90}Sr/^{90}Y$, die vom PKNMiJ für diesen Vergleich in einem speziellen Transport- und Meßkontainer bereitgestellt wurde, diente zur Überprüfung der Funktionstüchtigkeit und Stabilität der Übertragungskammern. Zu den Kammern des PKNMiJ und des ASMW gehörten jeweils eine Stielattrappe für die Bestimmung des Einflusses der Stielstreuung auf die gemessene Ladung.

4. Die Vergleichsbedingungen und Vergleichsdurchführung

Die Vergleichsbedingungen werden durch folgende Parameter charakterisiert:

- U_{a} die Anregungsspannung an der Röntgenröhre
- D_{i} die Eigenfilterung der Strahlung durch Röntgenröhre und Röhrenhaube
- D_{z} die zusätzliche Filterung zur Erlangung der im Vergleichsprogramm vorgegebenen ersten Halbwertschicht
- D_{I} die erste Halbwertschicht
- D_{II} die zweite Halbwertschicht
- a den Abstand des Meßortes (Ebene der Meßblende der Normalkammer bzw. Zentrum der Hohlraumkammern) vom Fokus der Röntgenröhre
- δ den Fehler der Übereinstimmung der Meßorte von Normalkammer und Übertragungskammer
- Ø den Durchmesser des Strahlungsbündels am Meßort
- $\dot{X}$ den Wert der Expositionsleistung am Meßort
- U_{K} die Spannung an der Potentialelektrode der Normalionisationskammer

Die konkreten Angaben zu diesen Parametern sind in Tab. 5 zusammengestellt.

Tab. 2. Werte der Korrektionskoeffizienten für die Normalionisationskammern des OMH, ASMW, PKNMiJ und WNIIM in Abhängigkeit von den verwendeten Strahlungsqualitäten

Normalkammer	Strahlungsqualität U_a/D_I kV mm Cu	Korrektionskoeffizient K_a	K_{sc}	K_e	K_s	K_d	K_f	K_{cep}
1	2	3	4	5	6	7	8	9
OMH	100/0,15	1,016	0,992		1,003$_0$			
	135/0,50	1,012	0,993	1,000*)	1,003$_4$	1,000*)	1,000*)	1,000*)
	180/1,0	1,010	0,994		1,003$_4$			
	250/2,5	1,008	0,995		1,004$_2$			
ASMW	100/0,15	1,018	0,990		1,000			
	135/0,50	1,012	0,988		1,000			
	180/1,0	1,009	0,988	1,001*)	1,000	1,000*)	1,000*)	1,000*)
	220/2,0	1,008	0,988		1,001			
	250/2,5	1,007	0,987		1,000			
PKNMiJ	100/0,15	1,013	0,993$_7$	1,000		0,999$_7$		1,000
	135/0,50	1,008	0,994$_3$	1,000$_4$	1,001*)	0,999$_5$	1,000*)	1,000
	180/1,0	1,008	0,995$_0$	1,001$_5$		0,999$_4$		1,000
	220/2,0	1,007	0,995$_4$	1,002$_6$		0,999$_2$		0,999$_8$
WNIIM	135/0,50	1,009$_3$	0,996$_6$			0,999$_4$		1,000
	180/1,0	1,008$_2$	0,996$_8$	1,000*)	1,000*)	0,998$_9$	1,000*)	1,000
	220/2,0	1,007$_9$	0,997$_3$			0,998$_7$		0,999$_8$

*) Diese Werte gelten für alle angeführten Strahlungsqualitäten.

Tab. 3. Fehler der Größen und Korrektionskoeffizienten zur Bestimmung der Exposition nach Beziehung (1)

Normalkammer	Fehler der Größen und Korrektionskoeffizienten in % Q	V	K_{ϱ_0}	K_h	K_a	K_{sc}	K_e	K_s	K_d	K_f	K_{cep}
OMH	0,2	0,1	0,1	0,2	0,2	0,2	0,0	0,05	0,01	0,05	–
ASMW	0,2	0,1	0,1	0,1	0,2	0,2	0,1	0,1	0,0	0,1	–
PKNMiJ	0,1	0,1	0,05	0,2	0,15	0,2	0,05	0,1	0,02	0,03	0,01
WNIIM	0,2	0,1	0,01	0,2	0,10	0,2	0,1	0,1	0,05	0,01	0,04

Tab. 4. Parameter der drei Übertragungskammern des OMH, ASMW und PKNMiJ

Übertragungskammer	Meßvolumen cm³	Außendurchmesser mm	Außenlänge mm	Wanddicke mm	Wandmaterial	Kammerspannung V	Energieabhängigkeit
OMH	0,37	10	–	0,5	luftäquivalent	250	$\leqq$ 3%*)
ASMW	1,5	16	–	1	luftäquivalent	200	$\leqq$ 5%*)
PKNMiJ	1,5	17	27	2	Plaste	300	$\leqq$ 4%**)

*) im Anregungsspannungsbereich von 60 bis 250 kV
**) im Anregungsspannungsbereich von 100 bis 180 kV

Die Durchführung des Vergleichs erfolgte in der Weise, daß die drei Übertragungskammern und die Kontrollstrahlungsquelle im Staffettenprinzip von einem Teilnehmerland an das andere überbracht und im Beisein der überbringenden Spezialisten an den Normalmeßeinrichtungen des jeweiligen Landes kalibriert wurden. Diese Aufgabe bestand in der Bestimmung der Werte der Konstanten P der drei Hohlraumkammern in Röntgen je Coulomb, die nach der Beziehung (2a) für die Ionisationskammern des ASMW und des PKNMiJ und der Beziehung (2b) für die Ionisationskammer des OMH ermittelt wurden:

$$P = \frac{X}{Q' K'_{\varrho_{20}} K'_{st} K'_s} \qquad (2a)$$

$$P = \frac{X}{Q' K'_{\varrho_{20}} K'_s} \qquad (2b)$$

Tab. 5. Parameter zur Charakterisierung der Vergleichsbedingungen

Ort der Durchführung der Messung	Strahlungsqualität U_a/D_I	D_i	D_z	D_I	D_{II}	a	δ	$\varnothing$	$\dot{X}$	U_k
	kV mm Cu	mm	mm	mm Cu	mm Cu	cm	%	mm	mR/s	kV
OMH	100/0,15	0,4 Cu	1,0 Al	4,0 Al	–	72	0,04	80	66 bis 100	6
	135/0,50		1 Al + 0,1 Cu	0,50	–					
	180/1,0		1 Al + 0,35 Cu	1,0	–					
	250/2,5		1 Al + 1,55 Cu	2,5	–					
ASMW	100/0,15		2,83 Al	0,144	0,274	100	0,05	80	66	4
	135/0,50		2,5 Al + 0,236 Cu	0,52	0,82				52	
	180/1,0		0,5 Al + 0,5 Cu	0,92	1,53				78	
	220/2,0		0,5 Al + 1,5 Cu	2,0	2,83				100	
	250/2,5		0,5 Al + 1,88 Cu	2,51	3,27				87	
PKNMiJ	100/0,15	3 Al	1,79 Al	0,15	0,27	75	0,02	50	50	4
	135/0,50		4,6 Al + 0,13 Cu	0,50	0,78				45	
	180/1,0		0,6 Al + 0,51 Cu	1,00	1,57				75	
	220/2,0		0,6 Al + 1,45 Cu	1,99	2,72			70	70	
WNIIM	135/0,50	4 Al	1,0 Al + 0,25 Cu	0,48	0,66	85,5	0,12	65	94	1,2
	180/1,0		1,0 Al + 0,5 Cu	1,04	1,64				96	
	220/2,0		1,0 Al + 1,29 Cu	1,93	2,72				99	

Darin bedeuten:

X den Wert der Exposition, der nach Beziehung (1) bestimmt wurde

Q' den Wert der mit der Übertragungskammer gemessenen Ladung in Coulomb

$K'_{\varrho_{\text{ii}}}$ den Korrektionskoeffizienten für die Umrechnung der gemessenen Ladung auf die Bedingungen von 20 °C und 1,01324 · 10^5 Pa (760 Torr)

K'_{st} den Korrektionskoeffizienten für den Einfluß der Stielstreuung auf die mit der Übertragungskammer gemessene Ladung

K'_s den Korrektionskoeffizienten für die unvollständige Sättigung des Ionisationsstromes der Übertragungskammer

Die Messungen zur Bestimmung der Konstanten P erfolgten nach der Substitutionsmethode, bei der die Normalionisationskammer und die Übertragungskammer wechselweise so in das Strahlungsbündel gebracht werden, daß sich die Ebene der Meßblende der Normalkammer im gleichen Abstand vom Brennfleck der Röntgenröhre befindet wie das Zentrum der Übertragungskammer. Um jeweils den gleichen Wert der Exposition am Meßort zu erhalten, wurden im ASMW und im PKNMiJ Durchstrahlionisationskammern als Monitorkammern verwendet. Im OMH und im WNIIM geschahen die Messungen in der Weise, daß mit Normal- und Übertragungskammern unter Einhaltung der gleichen Meßzeiten nacheinander gemessen wurde.

Die Bestimmung der Korrektionskoeffizienten K'_{st} für die Stielstreuung bei den Übertragungskammern des ASMW und des PKNMiJ erfolgte in allen Teilnehmerländern auf experimentellem Wege. Für die Übertragungskammer des OMH konnte diese Korrektur wegen der geringen Kammer- und Stielabmessungen entfallen. Der Korrektionskoeffizient K'_s für die unvollständige Sättigung des Ionisationsstromes der Übertragungskammern wurde zu Beginn des Vergleichs im PKNMiJ für die beim Vergleich verwendeten Expositionsleistungen experimentell bestimmt.

Mittels der Kontrollstrahlungsquelle konnte nicht nur die Stabilität der Arbeitsweise der Übertragungskammern kontrolliert, sondern auch die Übereinstimmung der in den einzelnen Ländern verwendeten Ladungsmeßeinrichtungen getestet werden. Tab. 6 gibt die für die Übertragungskammern des ASMW und des PKNMiJ ermittelten Kontrollströme wieder und zeigt für die Ionisationskammer des ASMW eine Streuung der im OMH, ASMW und PKNMiJ gemessenen Ionisationsströme von maximal ±0,3%. Die Streuung der Ströme für die Ionisationskammer des PKNMiJ von maximal ±1,1% erklärt sich nicht aus der Änderung der Kammerparameter, sondern aus der Unvollkommenheit der Messungen mit der Kontrollvorrichtung, z. B. aus Abweichungen in den geometrischen Bedingungen.

Tab. 6. Zusammenstellung der mit den Übertragungskammern des ASMW und PKNMiJ gemessenen Kontrollströme und ihrer Fehler

Ort der Durchführung der Messungen	Kontrollstrom der Kammer des ASMW		PKNMiJ	
	10^{-11} A	Fehler %	10^{-11} A	Fehler %
ASMW	3,910	0,5	1,736	0,6
OMH	3,89	0,7	1,70	0,7
PKNMiJ	3,90	0,5	1,718	0,6

5. Vergleichsergebnisse

In Tab. 7 sind für die drei Übertragungskammern die Werte der Konstanten P, die an den Normalmeßeinrichtungen der am Vergleich beteiligten Länder bestimmt wurden, gegen-

Tab. 7. Zusammenstellung der Werte der Konstanten P für die drei Übertragungskammern in Abhängigkeit von den verwendeten Strahlungsqualitäten

Übertragungskammer	Strahlungsqualität U_a/D_I kV mm Cu	OMH	AKSMW	PNMiJ	WNIIM	RGW-Mittelwert
OMH	100/0,15	8,704	8,78	8,735	—	8,740
	135/0,50	8,712	8,68	8,675	8,800	8,717
	180/1,0	8,661	8,70	8,729	8,716	8,702
	220/2,0	—	8,80	8,810	8,940	8,850
	250/2,5	8,920	8,84	—	—	8,880
ASMW	100/0,15	2,148	2,17	2,147	—	2,155
	135/0,50	2,122	2,11	2,097	2,133	2,116
	180/1,0	2,094	2,09	2,071	2,090	2,086
	220/2,0	—	2,06	2,044	2,056	2,053
	250/2,5	2,055	2,05	—	—	2,052
PKNMiJ	100/0,15	1,376	1,40	1,397	—	1,391
	135/0,50	1,349	1,36	1,351	—	1,353
	180/1,0	1,407	1,40	1,414	—	1,407

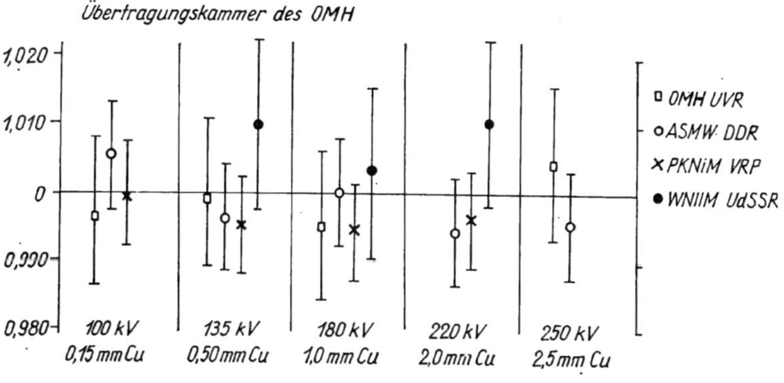

Abb. 1. Graphische Darstellung der relativen Abweichungen der in den einzelnen Ländern bestimmten Konstanten vom RGW-Mittelwert für die Übertragungskammer des OMH

Tab. 8. Meßunsicherheiten der Kammerkonstanten P bei deren Bestimmung in den am Vergleich beteiligten Ländern

Ort der Durchführung der Messungen	Strahlungsqualität U_a/D_I kV mm Cu	S %	ϑ_I %	ϑ_{II} %
OMH	100/0,15 135/0,50 180/1,0 250/2,5	0,6*) 1,6**)	2,4*) 3,4**)	1,1*) 1,7**)
ASMW	100/0,15 135/0,50 180/1,0 220/2,0 250/2,5	0,03	2,0	0,8
PKNMiJ	100/0,15 135/0,50 180/1,0 220/2,0	0,04	1,6	0,7
WNIIM	135/0,50 180/1,0 220/2,0	0,2	2,4	1,2

*) für die Übertragungskammern des OMH und PKNMiJ
**) für die Übertragungskammer des ASMW

übergestellt. Die in der letzten Spalte angeführten Mittelwerte stellen die mit dem RGW-Normal ermittelten Werte der Konstanten P dar. In Abb. 1 sind für das Beispiel der Übertragungskammer des OMH die relativen Abweichungen der in den einzelnen Ländern bestimmten Konstanten vom RGW-Mittelwert graphisch dargestellt. Die in Tab. 8 angegebenen Meßunsicherheiten bei der Bestimmung der Kammerkonstanten P sind

S der zufällige Fehler für eine statistische Sicherheit von 99%

ϑ_I der Gesamtfehler, berechnet durch lineare Addition

ϑ_{II} der Gesamtfehler, berechnet durch quadratische Addition für eine statistische Sicherheit von 99%.

Die oben genannten Abweichungen der Kammerkonstanten vom RGW-Mittelwert von maximal 1% liegen somit innerhalb der Meßunsicherheiten der zum RGW-Normal gehörenden nationalen Normalmeßeinrichtungen. Gegenüber einem 1968 zwischen den Teilnehmerländern durchgeführten Vergleich ist damit merklich eine Erhöhung der Übereinstimmung erreicht worden. Damals betrug die maximale Abweichung 1,5%.

6. Schlußbetrachtungen

Der Vergleich hat gezeigt, daß sich das RGW-Normal zur Darstellung der Einheit der Exposition von Quantenstrahlung im Anregungsspannungsbereich der Röntgenstrahlung von 60 bis 250 kV auf hohem wissenschaftlich-technischen Niveau befindet. Das wird auch durch die Resultate unterstrichen, die von ungarischer Seite bei der Beteiligung an internationalen Vergleichen mit dem BIPM, dem NPL und der PTB unter Verwendung der gleichen Übertragungskammer des OMH erhalten wurden. Die Übereinstimmung des RGW-Mittelwertes zu den in den genannten metrologischen Einrichtungen bestimmten Werten ist besser als 1%.

Der Vergleich vermittelte auch wichtige Erfahrungen für künftig durchzuführende Vergleichsmessungen. So wird es als zweckmäßig erachtet, die Anzahl der Übertragungskammern auf zwei zu beschränken und durch die Wahl geeigneter Meßbedingungen die Bestimmung der Korrektionskoeffizienten K_s' für die unvollständige Sättigung des Ionisationsstromes der Übertragungskammer und K_{st}' für die Stielstreuung aus dem Vergleich auszuschließen.

Mit dem Abschluß dieses Vergleichs kann die Zuverlässigkeit der Messungen zur Darstellung der Einheit der Exposition von Röntgenstrahlung im Anregungsspannungsbereich von 60 bis 250 kV in den Mitgliedsländern des RGW weiterhin erhöht werden.

Eingegangen am 5. 9. 1979

Die Bestimmung der spezifischen Aktivität trägerarmer Radiojodidlösungen durch papierchromatographische Ermittlung der prozentualen Radioaktivitätsverteilung auf die Jodsubstitutionsproduke von Bromsulfan

H. E. Schmidt, L. Bölke, A. Herzmann, H. Herzmann

(Zentralinstitut für Isotopen- und Strahlenforschung der Akademie der Wissenschaften der DDR, Bereich Strahlenquellen und Nuklearpharmaka, Berlin-Buch)[1])

Es wird eine neue Methode zur Bestimmung der spezifischen Aktivität trägerarmer Radiojodidlösungen zwischen 5 und 17 Ci/mg (185 bis 630 GBq/mg) beschrieben, die wesentlich einfacher ist als die bekannten, zum Teil sehr komplizierten Mikroanalysenmethoden und im Prinzip auf eine einfache Trennung eines Radiojodierungsgemisches hinausläuft. Hierzu werden 1 bzw. 2 nmol Bromsulfan (BSP) mit einer exakt zu messenden Menge $Na^{125}J$ *bzw.* $Na^{131}J$ *unter Verwendung von Chloramin T radiojodiert. Da die Reaktionsgeschwindigkeitskonstanten der Mono- und Dijodierung des Bromsulfans nicht differieren, ist es möglich, aus der papierchromatographisch ermittelten prozentualen Radioaktivitätsverteilung das molare Verhältnis der an ein BSP-Molekül gebundenen Jodatome zu berechnen. Bei bekannter BSP-Menge läßt sich daraus die an der Radiojodierung beteiligte Jodmasse ableiten.*

Bei der Radiojodierung mit Chloramin T wird jedoch kein 100%iger Jodeinbau erreicht. Die gemessene Aktivitätsmenge muß deshalb durch einen Faktor korrigiert werden, der aus dem Ergebnis der papierchromatographischen Trennung des Reaktionsgemisches abgeleitet wird und der lediglich die auf Mono- und Dijod-BSP entfallenden Radioaktivitätsanteile, nicht dagegen das anorganische Radiojodid berücksichtigt. Die spezifische Aktivität der verwendeten Radiojodidlösung ergibt sich dann als Quotient der korrigierten Radioaktivitätsmenge und der berechneten Radiojodmasse.

Wir haben die erhaltenen Ergebnisse mit den nach einer Referenzmethode gefundenen Werten verglichen. Hierbei wurden die spezifischen Aktivitäten von $Na^{125}J$ *aus T3-RIA-Standardkurven mit* ^{125}J*-T3-Tracern bestimmt, die unter Verwendung dieses* $Na^{125}J$ *präpariert wurden. Es wurde eine Präzision mit einem mittleren Variationskoeffizienten von* $\pm 4\%$ *festgestellt.*

(B11) INIS DESCRIPTORS:

accuracy; aqueous solutions; bromosulfophthalein; carrier-free isotopes; chloramines; iodination; iodine 131; iodine 125; organic iodine compounds; radioactivity; radioassay; radiochromatography; radiopharmaceuticals

1. Problemstellung

Bei der Radiojodmarkierung von Proteo- und Steroidhormonen mit der Zielsetzung, für den Einsatz im Radioimmunoassay bestimmte Tracer mit optimalen spezifischen Aktivitäten herzustellen, die einerseits relativ niedrig sind, damit eine hohe Assayempfindlichkeit möglichst lange erhalten bleibt, andererseits hoch genug, damit der Zählaufwand ein vertretbares Maß nicht übersteigt, spielt die spezifische Aktivität des Radiojodids, mit dem die Markierung ausgeführt wird, eine wesentliche Rolle. Ihre Kenntnis ist Voraussetzung dafür, daß der Radioaktivitätseinsatz auf eine vorgegebene Proteinmenge so gewählt werden kann, daß ein durchschnittlicher Reaktionsumsatz von 1 Jodatom pro Antigenmolekül resultiert, also vorwiegend Monojodsubstitutionsprodukte gebildet werden. Dieser Substitutionsgrad repräsentiert die kleinstmögliche Alteration eines Proteinmoleküls. Man kann davon ausgehen, daß dadurch seine antigene Reaktivität als Folge einer mehrfachen Jodsubstitution nicht beeinträchtigt wird.

Die Gesamtzahl der Jodatome, die ohne merklichen Immunreaktivitätsverlust in ein Protein oder Polypeptid eingeführt werden kann, hängt von der Anzahl der in diesen Molekülen enthaltenen Tyrosinreste ab [1]. Eine mehrfache Jodsubstitution wird sich folglich bei Substanzen mit relativ kleinen Molekulargewichten, deren charakteristische

[1]) Anschrift: 1115 Berlin, Lindenberger Weg 70

antigene Strukturen zudem einen größeren Teil des Molekühlbestandes darstellen, wesentlich stärker auswirken [2].

Auch die Stabilität radiojodmarkierter Präparate ist vom Gehalt an mehrfach jodierten Proteinstrukturen abhängig. Wird der Substitutionsgrad erhöht, nimmt erfahrungsgemäß bei der Lagerung als Folge des radioaktiven Zerfalls mehrfach jodierter Proteinstrukturen die Bildung radioaktiver Zerfallsfragmente zu, wodurch die Verwendbarkeitsdauer eines solchen Tracers in Radioimmunoassay deutlich verkürzt wird [3]. Eine derartige „Zerfallskatastrophe" [4] zu vermeiden ist ein weiterer Grund, bei der Markierung in Kenntnis der spezifischen Aktivität des Radiojodids die Jodsubstitution steuern zu können. Das gilt sowohl bei Verwendung von $Na^{125}J$, das weitgehend trägerfrei vorliegen sollte, als auch beim Einsatz von $Na^{131}J$, das aufgrund seiner Herstellung stets hohe Anteile an Trägermaterial enthält, also nur mehr oder weniger trägerarm zur Verfügung steht. Exakte Angaben über die spezifischen Aktivitäten der Radiojodidlösungen sind aus den Zertifikaten der Herstellerfirmen allerdings kaum zu entnehmen. Meist werden nur Grenzwerte mitgeteilt, oder das Präparat wird als „trägerfrei" deklariert, was davon zeugt, daß das zugrundeliegende analytische Problem bisher offensichtlich nicht zufriedenstellend gelöst worden ist.

2. Kritische Beurteilung der zur Lösung des Problems verfügbaren analytischen Verfahren

Unter dem Begriff „spezifische Aktivität", für den man treffender den Ausdruck „Massenaktivitätskonzentration" verwenden sollte [5], versteht man bekanntlich die auf eine Masseeinheit m eines Elements oder einer Verbindung entfallende Radioaktivitätsmenge A.

$$a = \frac{A}{m} \tag{1}$$

Sofern Isotopieeffekte ausgeschlossen werden können, bleibt dieser Quotient bei einer chemischen Reaktion konstant.

Bei der Bestimmung der spezifischen Aktivität trägerarmer $Na^{125}J$-Lösungen handelt es sich beispielsweise darum, die Masse des Jods in einem Präparat von ca. 3 mCi (111 MBq) analytisch exakt zu erfassen. Das sind bei der maximalen spezifischen Aktivität von 17,4 Ci/mg (644 GBq/mg) lediglich etwa 0,2 μg. Die genaue Messung der Radioaktivität, deren Grenze beim Einsatz eines handelsüblichen Kernstrahlungsmeßgerätes mit einem NaJ-Bohrlochkristall unter 10 nCi (37 Bq) liegt, bereitet auch bei der weichen Strahlung des ^{125}J keine Schwierigkeit [6]. Die quantitativ zu bestimmende Jodidmenge liegt jedoch bereits im Ultramikrobereich und damit schon jenseits der Genauigkeitsgrenzen zahlreicher bekannter, teilweise aufwendiger und komplizierter Mikroanalysenmethoden, die auf polarographische [7, 8], amperometrische [9, 10] oder spezielle elektrochemische Verfahren, bei denen sog. jodsensitive Mikroelektroden verwendet werden [11, 12], zurückgehen. Auch die meisten spektralphotometrischen Methoden gestatten nur bei exakter Einhaltung der vorgeschriebenen Bedingungen die Bestimmung von Jodid in der Größenordnung zwischen 10^{-6} und 10^{-7} g; hierzu gehören die von *Groß* u. Mitarb. entwickelte Mikrobestimmungsmethode unter Ausnutzung der Jod-Stärke-Reaktion [13, 14], deren Empfindlichkeit durch amperometrische Messung der Sorption von Jod an Stärke noch gesteigert werden kann [15], sowie das Verfahren von *Custer* und *Natelson* [16], bei dem Jod bzw. Jodid mit Kaliumpermanganat zunächst in Jodat übergeführt und anschließend mit Jodid in saurer Lösung zur Freisetzung von elementarem Jod benutzt wird, das aufgrund seiner hohen Absorption im UV-Bereich spektralphotometrisch gemessen werden kann. Eine noch empfindlichere Methode zur Bestimmung von Submikrogramm-Mengen Jodid in den Grenzen von etwa 10^{-7} bis $5 \cdot 10^{-9}$ g basiert auf der katalytischen Wirkung von Jodidionen auf das Redoxsystem Zer(IV)—Arsenit [17, 18]. Wegen ihrer außerordentlichen Bedeutung, die diese nach ihren Entdeckern als *Sandell-Kolthoff*-Reaktion bezeichnete, katalytisch beeinflußbare Umsetzung für die Bestimmung des proteingebundenen Jods im Serum besitzt, ist dieses Verfahren in der Folgezeit von zahlreichen Arbeitsgruppen eingehend untersucht und modifiziert worden [19—24]. Trotz des teilweise beträchtlichen apparativen Aufwands wird seine Präzision jedoch selbst bei sorgfältigster Ausführung unterschiedlich beurteilt.

Von der *Sandell-Kolthoff*-Reaktion leiteten *Kurcbart* u. Mitarb. auch eine spektralphotometrische Mikrotechnik zur Bestimmung des Jodgehalts trägerarmer $Na^{131}J$-Lösungen in Konzentrationen von $1{,}6 \cdot 10^{-7}$ bis $2 \cdot 10^{-8}$ g/ml ab [25]. Obwohl die Autoren eine Standardabweichung von kleiner als $\pm 5\%$ angeben und das Verfahren als Routinemethode für die Produktionskontrolle vorschlagen, hat es sich in der Praxis aufgrund des apparativen Aufwands sowie der peinlich genau einzuhaltenden Bedingungen nicht durchsetzen können.

Es ist verständlich, daß die bisher vorliegenden Ergebnisse nicht befriedigen können. Wir haben uns deshalb bemüht, eine Methode zu entwickeln, die empfindlicher als die Jod-Stärke-Reaktion und weniger aufwendig ist als das katalytische Verfahren.

3. Reaktionsablauf bei der Jodierung von Bromsulfan

Das von uns entwickelte Verfahren basiert auf der Messung der für die Jodierung von Bromsulfan (BSP) eingesetzten Radioaktivitätsmenge ($Na^{125}J$ oder $Na^{131}J$) sowie der papierchromatographischen Trennung des Reaktionsproduktes. Bromsulfan wählten wir, weil mit dieser Substanz einschlägige Erfahrungen bei uns vorlagen, die wir bereits 1969 im Zusammenhang mit der Einführung von ^{131}J-Bromsulfan in die nuklearmedizinische Leberdiagnostik gewonnen hatten; zum besseren Verständnis werden diese kurzgefaßt dargestellt.

3.1. Jodsubstitutionsprodukte des Bromsulfans

Bei der oxydativen Jodierung (Jodmonochlorid oder Chloramin *T*) des Bromsulfans findet eine zweifache elektrophile aromatische Substitution statt. Auch bei der Radiojodierung tritt unter der substitutionserleichternden, in o-Stellung dirigierenden Wirkung der OH-Gruppen in den Positionen 2 bzw. 2′ sowie aufgrund des Einflusses, den die in *m*-Stellung lenkenden SO_3H-Gruppen auf den Positionen 3 bzw. 3′ ausüben, Radiojod ausschließlich in die Positionen 1 bzw. 1′ der Benzolringe ein, die diese Substituenten tragen. Das Reaktionsprodukt stellt stets ein Gemisch aus Mono- und Dijodsubstitutionsprodukt dar. Ihre Anteile hängen davon ab, in welchem stöchiometrischen Verhältnis Bromsulfan und Jodchlorid reagieren [26].

Die Zweitsubstitution erfolgt hierbei unabhängig vom Eintritt des ersten Jodatoms. Durch ein bereits im BSP-Molekül vorhandenes Jodatom wird demnach die Substitution am Nachbarkern weder begünstigt noch erschwert.

Im Sinne der Reaktionskinetik bedeutet das, daß die Reaktionsgeschwindigkeitskonstanten der Mono- und Dijodierung nicht differieren. Die Bildung von Mono- und Dijod-BSP geht also statistisch vor sich [27]. Eine Bestätigung fanden unsere Ergebnisse wenig später durch eine japanische Forschergruppe [28, 29].

3.2. *Papierchromatographische Trennung des Jodierungsgemisches*

Die Möglichkeit, das Reaktionsgemisch aufgrund der durch den Ersatz von 1 bzw. 2 Wasserstoffatomen durch Jodatome zunehmenden negativen Ladung nach der Radiojodierung des Farbstoffs papierchromatographisch in nicht verändertes Ausgangsmaterial, Mono- und Dijod-BSP bei gleichzeitiger Erfassung des nicht gebundenen Radiojodids zu zerlegen, war der zweite Grund für unsere Entscheidung, Bromsulfan als bevorzugte Modellsubstanz auszuwählen. Abb. 1 zeigt das mit einem aufsteigenden Fließmittelsystem bei einer Laufzeit von ca. 36 Stunden entwickelte Chromatogramm.

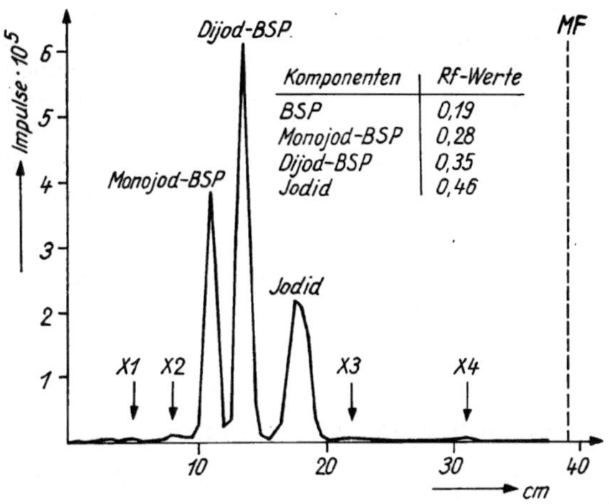

Abb. 1. Papierchromatographische Trennung des BSP-Radiojodierungsgemisches im System *n*-Butanol/gesättigt mit 25%igem Ammoniak (obere Phase)

Bitte beachten: Am Kopf der gestrichelten Linie lies *LMF* statt *MF*

Weitere Substanzflecke mit Radioaktivitätsgehalten zwischen 0,5 und 1,2% bei den *Rf*-Werten 0,12 und 0,21 wurden nicht identifiziert; vermutlich handelt es sich um jodierungsfähige Verunreinigungen des Phthaleinfarbstoffes, da Jodat am Start bleibt. Den stets mit einem Radioaktivitätsgehalt von ca. 2% fast mit der Lösungsmittelfront bzw. bis zu *Rf*-Werten zwischen 0,8 und 0,9 laufenden Substanzfleck halten wir für 0-Hydroxybenzolsulfonsäure. Sie könnte als Synthesebaustein in geringer Menge noch im Bromsulfan enthalten sein.

3.3. *Bathochromer Effekt bei der Jodsubstitution am BSP*

Die Chromatogrammauswertung wird durch die unterschiedliche Farbigkeit des Bromsulfans und seiner Jodderivate sehr erleichtert. In schwach alkalischem bzw. ammoniakalischem Milieu ist Bromsulfan rotviolett, die Monojodverbindung blauviolett und Dijod-BSP fast eisblau gefärbt [30]. Wir haben die Verschiebung des Absorptionsmaximums im sichtbaren Spektralbereich nach längeren Wellenlängen durch spektralphotometrische Messung der Absorptionsmaxima der papierchromatographisch getrennten Einzelverbindungen bestimmt [31]. Die aus unseren Ergebnissen ableitbare direkte Proportionalität dieses bathochromen Effekts mit der Jodsubstitution am BSP-Molekül ist in Abb. 2 graphisch dargestellt.

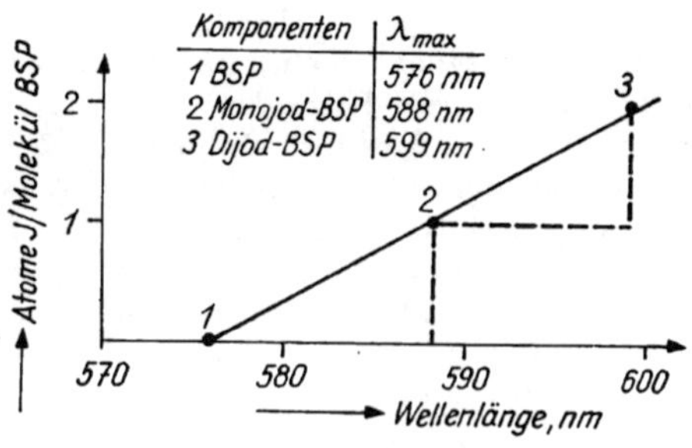

Abb. 2. Proportionalität der bathochromen Verschiebung des Absorptionsmaximums alkalischer BSP-Lösungen mit der Jodsubstitution

3.4. *Prozentuale Radioaktivitätsverteilung und molare Zusammensetzung des BSP-Jodierungsgemisches*

Bei der papierchromatographischen Trennung von BSP-Jodierungsgemischen, bei deren Präparation jeweils konstante BSP-Mengen bis zu einem maximalen Reaktionsumsatz von 2 g-Atomen Jod/Mol BSP mit steigenden Mengen Jodchlorid in Gegenwart einer Indikatormenge $Na^{125}J$ reagierten, fanden wir als experimentellen Beweis für die in 3.1. vorweggenommene Schlußfolgerung über die statistisch erfolgende Bildung der Jodsubstitutionsprodukte die in Abb. 3 gezeigte prozentuale Radioaktivitätsverteilung für Mono- und Dijod-BSP.

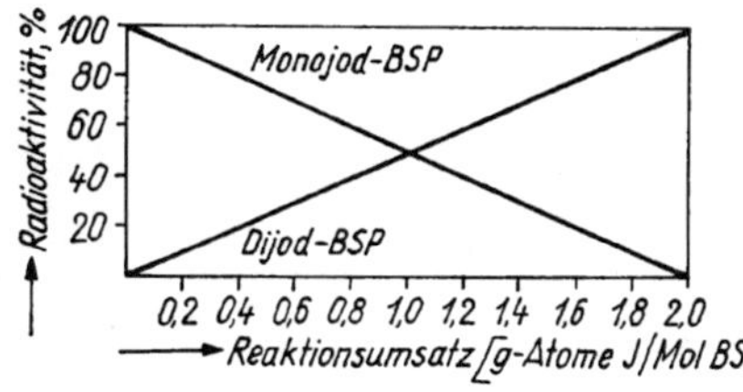

Abb. 3. Prozentuale Radioaktivitätsverteilung bei der BSP-Radiojodierung als Funktion des Reaktionsumsatzes

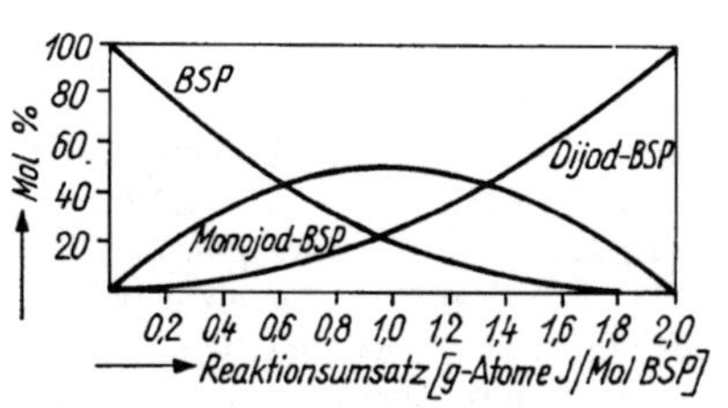

Abb. 4. Molare Zusammensetzung des bei der BSP-Jodierung erhaltenen Reaktionsgemisches in Abhängigkeit vom Reaktionsumsatz

Die molare Zusammensetzung des BSP-Jodierungsgemisches für beliebige Reaktionsumsätze zwischen 0 und 2 g-Atomen Jod pro Mol BSP, die sich aus der papierchromatographisch gefundenen prozentualen Radioaktivitätsverteilung berechnen läßt, gibt Abb. 4 wieder. Man erkennt, daß sich beim Reaktionsumsatz 1, der formal der Bildung von Monojod-BSP entspricht, die Radioaktivität jeweils zu 50% auf die Mono- und die Dijodverbindung verteilt ist. Da die Dijodverbindung jedoch die doppelte Jodmenge und dementsprechend auch die doppelte Radioaktivitätsmenge enthält, liegen im Reaktionsgemisch neben

50 Mol-% Monojod-BSP bereits 25 Mol-% Dijod-BSP vor. Der Restanteil von 25 Mol-% entfällt auf noch unveränderte Ausgangssubstanz BSP.

4. Grundlagen der neuen Methode

4.1. *Berechnung der spezifischen Aktivität aus dem an BSP gebundenen Radiojod*

Vom Prinzip her ist die vorgeschlagene neue Methode zur Bestimmung der spezifischen Aktivitäten sowohl trägerarmer $Na^{125}J$- als auch $Na^{131}J$-Lösungen geeignet. Bei der Radiojodierung definierter BSP-Mengen mit Chloramin *T* muß unmittelbar nach Zugabe des Oxydationsmittels die Reaktionslösung gut durchmischt werden, um lokale Konzentrationsunterschiede zu vermeiden. Nach Messung der Gesamtradioaktivität und Auswertung der erhaltenen Papierchromatogramme wird die spezifische Aktivität aus dem auf Dijod-BSP entfallenden prozentualen Radioaktivitätsanteil nach Gl. (5) errechnet.

Zum Verständnis dieser Berechnungsformel wird ausgeführt: Aus dem in Abb. 3 gezeigten Anstieg des prozentualen Radioaktivitätsgehaltes für Dijod-BSP erhält man nach Gl. (2) zunächst den der gefundenen Radioaktivitätsverteilung zugrunde liegenden Reaktionsumsatz RU, der das molare Verhältnis der an ein BSP-Molekül gebundenen Jodatome angibt:

$$\mathrm{RU} = \frac{\%\ \text{Dijod-BSP}}{50} \tag{2}$$

Da die eingesetzte BSP-Menge bekannt ist, läßt sich nach Gl. (3) die an BSP gebundene molare Radiojodmasse berechnen:

$$\text{g-Atome Radiojod} = \mathrm{RU} \cdot \text{Molmasse BSP} \tag{3}$$

Bei einem BSP-Einsatz von beispielsweise 2 nmol erhält man die tatsächlich an der Radiojodierung beteiligte Masse ^{125}J in µg nach Gl. (4):

$$\mu g\ {}^{125}J = \frac{\%\ \text{Dijod-BSP}}{200} \tag{4}$$

Hierbei wurde für ^{125}J ein mittleres Atomgewicht von 125 eingesetzt. Es wird darauf hingewiesen, daß im Bereich der zu erwartenden spezifischen Aktivitäten für $Na^{125}J$ zwischen 15 und 5 Ci/mg (555 – 185 GBq/mg) daraus ein Fehler von 0,2 bis 1,1% resultiert, da das mittlere Atomgewicht in Abhängigkeit von der spezifischen Aktivität zwischen 125,2632 und 126,3573 liegt. Bei der Berechnung der spezifischen Aktivität von $Na^{131}J$ wird empfohlen, aufgrund des höheren Trägergehaltes ein mittleres Atomgewicht von 127 zu verwenden.

In der Praxis wird allerdings bei der Radiojodierung mit Chloramin *T* kein 100%iger Jodeinbau erreicht, sondern nur ein Bruchteil des eingesetzten Radiojodids wird an BSP gebunden. Deshalb ist es erforderlich, die gemessene Radioaktivitätsmenge durch einen Faktor *k* zu korrigieren, der aus dem Ergebnis der papierchromatographischen Trennung des Reaktionsgemisches abgeleitet wird und der lediglich die auf Mono- und Dijod-BSP entfallenden Radioaktivitätsanteile, nicht dagegen das anorganische Radiojodid sowie geringe Anteile radiochemischer Verunreinigungen berücksichtigt.

Beim Einsatz von 2 nmol BSP ergibt sich die spezifische Aktivität *a* (Ci/mg) für $Na^{125}J$ demgemäß als Quotient der korrigierten Radioaktivitätsmenge (mCi) und der tatsächlich an der Radiojodierung beteiligten Masse Radiojodid (µg):

$$a = \frac{\text{mCi} \cdot k \cdot 200}{\%\ \text{Dijod-BSP}} \tag{5}$$

Für $Na^{131}J$ wird in Gl. (5) statt 200 ein Zahlenfaktor von 196,5 eingesetzt. Wird statt 2 nmol nur 1 nmol BSP vorgelegt, verdoppelt sich dieser Zahlenfaktor.

4.2. *Abschätzung der einzusetzenden BSP-Menge*

Da dem Radioaktivitätseinsatz aus Strahlenschutzgründen, z. T. jedoch auch aus ökonomischen Erwägungen Grenzen gesetzt sind, hängt die BSP-Menge in erster Linie von der zu erwartenden spezifischen Aktivität der zu untersuchenden Radiojodidlösung ab.

Tab. 1. Vergleich der maximalen spezifischen Aktivitäten sowie der käuflich erhältlichen spezifischen Aktivitäten trägerarmer $Na^{125}J$- und $Na^{131}J$-Lösungen

spez. Akt.	^{125}J		^{131}J	
	Ci/mg	GBq/mg	Ci/mg	GBq/mg
maximal	17,4	644	123,8	4580
handelsüblich	5 – 15	185 – 555	5 – 15	185 – 555

Während sich theoretisch die maximalen spezifischen Aktivitäten von $Na^{125}J$ und $Na^{131}J$, wie aus Tab. 1 zu entnehmen ist, entsprechend der verschiedenen physikalischen Halbwertszeiten fast um den Faktor 10 unterscheiden, sind die der käuflichen ^{125}J- und ^{131}J-Präparate doch fast gleich. Zur Abschätzung der vorzugebenden BSP-Menge darf man voraussetzen, daß die für Tracermarkierungen bevorzugten radioaktiven Konzentrationen des $Na^{125}J$ zwischen 300 und 500 mCi/ml (11,1 bis 18,5 GBq/ml) liegen. Da man kaum weniger als 5 µl aus einer Originalampulle entnehmen kann, falls man keine Verdünnung vornimmt, die unter Umständen die Gefahr des Einschleppens von Jodidspuren mit sich bringt, müssen für eine solche Bestimmung bis zu 3 mCi (111 MBq) $Na^{125}J$ kalkuliert werden. Trägerarme

Tab. 2. Gewichtsmengen Jod in ng-Atomen für Radioaktivitätsmengen von jeweils 1, 2 und 3 mCi (37, 74 und 111 MBq) ^{125}J und ^{131}J als Funktion der spezifischen Aktivität sowie optimale BSP-Einsatzmengen in nmol

spez. Akt.		Akt.-Menge		^{125}J	^{131}J	opt. BSP-Menge
Ci/mg	GBq/mg	mCi	MBq	ng-Atome		nmol
15	555	1	37	0,532	0,523	0,40
		2	74	1,064	1,047	0,80
		3	111	1,596	1,570	1,20
10	370	1	37	0,795	0,786	0,60
		2	74	1,590	1,572	1,20
		3	111	2,385	2,358	1,79
5	185	1	37	1,583	1,574	1,19
		2	74	3,166	3,148	2,37
		3	111	4,749	4,722	3,56

Tab. 3. Bereiche der bestimmbaren spezifischen Aktivität trägerarmer Radiojodidlösungen in Ci/mg (GBq/mg) in Abhängigkeit von der eingesetzten BSP- und Radioaktivitätsmenge

BSP nmol	1 mCi	37 MBq	2 mCi	74 MBq	3 mCi	111 MBq
0,5	8–17	296–644	15–17	555–644	–	–
1	4–17	148–644	8–17	296–644	12–17	444–644
2	2–15	74–555	4–17	148–644	6–17	222–644
3	2–9	74–333	3–17	111–644	4–17	148–644
5	1–6	37–222	2–12	74–444	3–17	111–644

$Na^{131}J$-Lösungen kommen gewöhnlich mit einer spezifischen Aktivität zwischen 5 und 10 Ci/mg (185–370 GBq/mg) in den Handel, das sind nur 1/25 bzw. 1/10 des theoretischen Wertes eines absolut trägerfreien Präparates. Dementsprechend liegen auch die radioaktiven Konzentrationen käuflicher $Na^{131}J$-Lieferungen, die gewöhnlich auf 100 mCi/ml (3,7 GBq/ml) eingestellt werden, niedriger als bei $Na^{125}J$.

Tab. 2 gibt die in Abhängigkeit bestimmter spezifischer Aktivitäten und Radioaktivitätsmengen repräsentierten Substanzmengen an Jod für ^{125}J und ^{131}J wieder sowie die hierfür günstigsten BSP-Einsatzmengen. Der Abschätzung liegt zugrunde, daß das Reaktionsgemisch Mono- und Dijod-BSP in einem für die papierchromatographische Trennung günstigen äquimolekularen Verhältnis enthalten sollte, was bei einem Reaktionsumsatz von 1 g-Atom Jod/Mol BSP zutrifft, und daß bei Verwendung von Chloramin *T* als Oxydationsmittel nur ca. 75% des eingesetzten Radiojods an BSP gebunden werden. Tab. 2 läßt auch erkennen, daß die Unterschiede hinsichtlich der Substanzmengen für gleiche Radioaktivitätsmengen $Na^{125}J$ und $Na^{131}J$ gleicher spezifischer Aktivität so unbedeutend sind, daß die Bestimmung der spezifischen Aktivität trägerarmer $Na^{131}J$-Lösungen mit den gleichen BSP-Mengen wie bei $Na^{125}J$ ausgeführt werden kann.

In der Praxis ist es nicht nötig, auf einen Reaktionsumsatz von genau 1 g-Atom Jod/Mol BSP zu zielen. Wir haben auch noch bei Reaktionsumsätzen zwischen 0,2 und 1,6 g-Atomen Jod/Mol BSP exakte spezifische Aktivitäten für $Na^{125}J$ und $Na^{131}J$ gefunden. In Abhängigkeit von der vorgewählten BSP- und Radioaktivitätsmenge lassen sich Bereiche für die zu erwartende spezifische Aktivität angeben, innerhalb derer einwandfreie Werte erhalten wurden. Aus Tab. 3 wird ersichtlich, daß man zweckmäßig mit einem Einsatz von 1 bzw. 2 nmol BSP arbeitet.

4.3. Referenzmethode

Um Angaben über die Grenzen der Anwendbarkeit des neuen Verfahrens sowie die Richtigkeit der gefundenen Ergebnisse zu erhalten, war es erforderlich, Vergleichsanalysen mit einer Referenzmethode auszuführen. Aus Strahlenschutzgründen wollten wir hierbei nicht auf das zitierte spektralphotometrische Verfahren von *Kurcbart* u. Mitarb. [25] zurückgreifen, sondern die Vorteile ausnutzen, die ein radioimmunologisches Bestimmungsverfahren bietet, nicht zuletzt deshalb, weil wir langjährige Erfahrungen auf diesem Gebiet besitzen. Es setzt voraus, daß mit der zu prüfenden Radiojodidlösung wie bei der BSP-Methode die Markierung einer konstitutionell genau definierten organischen Verbindung ausgeführt und nach Separation des resultierenden Radiojodderivates dessen spezifische Aktivität mit Hilfe eines Radioimmunoassays ermittelt wird. Günstige Bedingungen für diese Zielstellung erfüllt das Schilddrüsenhormon Trijodthyronin (T3).

In Anlehnung an *Weeke* und *Örskov* [32] gingen wir bei der Präparation des ^{125}J-T3 von L-Dijodthyronin (T2) aus, das mit $Na^{125}J$ in Gegenwart von Chloramin T umgesetzt wird. Nach Trennung der radiojodierten Thyronine durch Gelchromatographie wird der T3-Gehalt einer ^{125}J-T3-Meßlösung mit einem T3-RIA ermittelt. Aus dem Quotienten der gemessenen Radioaktivitätsmengen und den zugehörigen ^{125}J-T3-Substanzmengen erhält man die spezifische Aktivität der ^{125}J-T3-Lösung, aus der die spezifische Aktivität der für die T2-Radiojodierung verwenden $Na^{125}J$-Lösung berechnet werden kann. Bezüglich experimenteller Einzelheiten wird auf eine vorbereitete Publikation verwiesen [33].

4.4. Verhalten von Präparaten mit hoher spezifischer Aktivität

Bereits 1973 stellten wir bei ^{57}Co-Vitamin-B_{12}-Präparaten hoher spezifischer Aktivität nach einer längeren Abklingzeit zwischen den berechneten spezifischen Aktivitäten und experimentellen Werten, die durch spektralphotometrische Messung definierter ^{57}Co-Vitamin-B_{12}-Aktivitätsmengen erhalten wurden, erhebliche Abweichungen fest. Die mathematische Prüfung dieser Befunde ergab, daß die zeitliche Umrechnung der spezifischen Aktivitäten radioaktiver Präparate sehr hoher spezifischer Aktivität nicht durch Anwendung der aus der physikalischen Halbwertszeit des jeweiligen Radionuklids ableitbaren Abklingfaktoren erfolgen darf.

Auch für $Na^{125}J$-Lösungen sehr hoher spezifischer Aktivität muß man davon ausgehen, daß die in Gl. (1) als Divisor enthaltene Masse m zu einem gewissen Teil aus inaktivem Trägermaterial m_i (^{127}J) und radioaktivem Nuklid m_a (^{125}J) besteht.

$$m = m_i + m_a \tag{6}$$

Für den Fall niedriger spezifischer Aktivitäten ist jedoch $m_i \gg m_a$, so daß vereinfacht $m = m_i$ gesetzt werden kann, was gleichbedeutend damit ist, daß sich m während des radioaktiven Zerfalls praktisch nicht ändert. Die zeitliche Abnahme niedriger spezifischer Aktivitäten gehorcht dann

$$A = A_0 \cdot e^{-\lambda t} \tag{7}$$

dem radioaktiven Zerfallsgesetzt Gl. (7) und kann in durchaus guter Näherung gemäß Gl. (8) unter Verwendung der in den Zerfallstabellen angegebenen Abklingfaktoren f berechnet werden.

$$a_t = \frac{A_0 \cdot f}{m} \tag{8}$$

Bei hohen spezifischen Aktivitäten kann die Vereinfachung $m_i \gg m_a$ nicht aufrecht erhalten werden. Selbstverständlich bleibt auch hier m_i konstant. Proportional zur Abnahme der Radioaktivitätsmenge A gemäß Gl. (7) verringert sich auch die Masse des radioaktiven Nuklidanteils m_a, da das Endprodukt des radioaktiven Zerfalls von ^{125}J weder ein radioaktives Tochternuklid noch ein stabiles Jodisotop, sondern ^{125}Te ist.

$$m_a = m_{a0} \cdot e^{-\lambda t} \tag{9}$$

Die spezifische Aktivität a_t einer Na^{125}J-Lösung hoher spezifischer Aktivität, die zum Zeitpunkt $t = 0$ den Wert

$$a_0 = \frac{A_0}{m_i + m_{a0}} \tag{10}$$

hatte, ergibt sich nach einer bestimmten Abklingzeit t aus Gl. (11):

$$a_t = \frac{A_0 \cdot e^{-\lambda t}}{m_i + m_{a0} \cdot e^{-\lambda t}} \tag{11}$$

Für den theoretischen Fall einer tatsächlich trägerfreien Na^{125}J-Lösung würde in Gl. (10) die Größe m_i entfallen. Man erhält dann die maximale spezifische Aktivität Z, die für ^{125}J unter Zugrundelegung einer physikalischen HWZ von 60,0 Tagen bei 17,4 Ci/mg (644 GBq/mg) liegt und im Verlauf des radioaktiven Zerfalls konstant bleibt. Nach Umformung liefert Gl. (11) schließlich:

$$a_t = \frac{Z \cdot f}{\dfrac{Z}{a_0} - 1 + f} \tag{12}$$

bzw.

$$a_0 = \frac{Z}{\dfrac{Z \cdot f}{a_t} - f + 1} \tag{13}$$

Die nach Gl. 12 für einen Zerfallszeitraum von 3 Halbwertszeiten errechnete prozentuale Abnahme der spezifischen Aktivität von Na^{125}J zwischen 5 und 17 Ci/mg (185–629 GBq/mg) ist in Abb. 5 graphisch dargestellt. Man erkennt, daß sich bereits sehr geringe Trägergehalte deutlich bemerkbar machen. Die Abstände zwischen der Schar der „Zerfallskurven der spezifischen Aktivität" werden mit sinkender spezifischer Aktivität immer geringer. Die gestrichelte Kurve repräsentiert den radioaktiven Zerfall des ^{125}J (HWZ = 60,0 d); sie ist praktisch identisch mit allen „Zerfallskurven der spezifischen Aktivität" für Na^{125}J < 0,5 Ci/mg (18,5 GBq/mg). Damit ist gezeigt, daß erst unterhalb dieses Grenzwertes die zeitliche Umrechnung der spezifischen Aktivität ^{125}J-markierter Präparate nach Gl. (8) erfolgen kann.

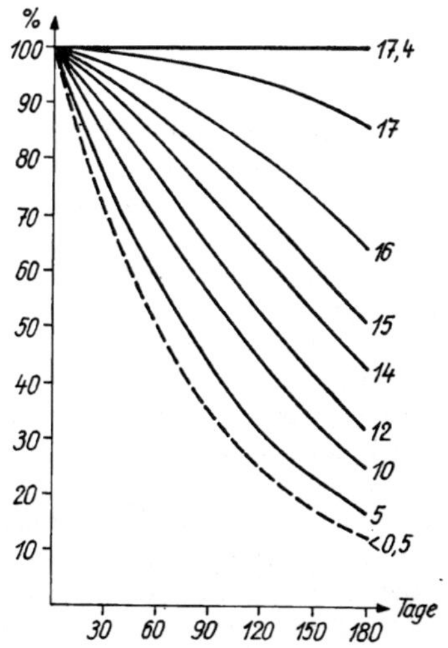

Abb. 5. Prozentuale Abnahme der spezifischen Aktivität von Na^{125}J hoher spezifischer Aktivität zwischen 5 und 17 Ci/mg (185 bis 629 GBq/mg) im Vergleich zur Zerfallskurve des ^{125}J (gestrichelte Kurve) im Verlaufe von 3 Halbwertszeiten

Entsprechende Überlegungen für Na^{131}J haben nur geringe praktische Bedeutung, da dieses Radionuklid nur mit herstellungsbedingten niedrigen spezifischen Aktivitäten zur Verfügung steht.

5. Experimenteller Teil

5.1. *Reagenzien*

a) Bromsulfan (Dinatriumsalz der 4,5,6,7-Tetrabromphenolphthalein-3′,3″-disulfonsäure); Hersteller: VEB Berlin-Chemie, Berlin-Adlershof/DDR
b) Kaliumjodid p. a.
c) Kaliumjodat p. a.
d) Chloramin T (Natriumsalz des N-Monochlor-p-toluolsulfonamids) puriss.; verwendbar sind Fabrikate der Firmen Fluka KG., Basel/Schweiz sowie Merck, Darmstadt (BRD)
e) 0,1 M sowie 0,25 M Phosphatpuffer (*p*H 7,4)
f) *n*-Butanol für chromatographische Zwecke
g) Chromatographiepapier FN 11; Hersteller: VEB Spezialpapierfabrik, Niederschlag/DDR

5.2. *Präparation eines inaktiven Monojod-/Dijod-BSP-Trägergemisches*

Bei der papierchromatographischen Trennung trägerarmer Radiojodierungsgemische kann es durch Adsorptionseffekte auf dem Papier sowie durch die Oxydationswirkung des Luftsauerstoffs zu fehlerhaften Ergebnissen kommen. Um derartige Schwierigkeiten zu vermeiden, wurde dem mit einem gewissen Überschuß an Reduktionsmittel versehenen Reaktionsgemisch nach der Radiojodierung 0,1 ml einer ca. 5 mM Jod-BSP-Trägerlösung zugesetzt, die etwa gleiche molare Anteile an Mono- und Dijod-BSP enthält, was bei einem Reaktionsumsatz von ca. 1,4 Molen JCl/Mol BSP erreicht wird.

Zu ihrer Präparation wurden 0,05 mmol BSP mit 0,07 mmol JCl zur Reaktion gebracht, indem jeweils 1 ml einer wäßrigen 0,046 M KJ- (77,5 mg/10 ml) sowie einer 0,023 M KJO_3-Lösung (49,9 mg/10 ml) in ein 10-ml-Maßkölbchen pipettiert und mit 0,5 ml 3 N HCl angesäuert wurden. Das zunächst dunkelbraune Jodierungsgemisch hellt sich nach wenigen Sekunden auf. Nach ca. 5 Minuten nimmt die Lösung eine gelbe/grünliche Färbung an. Jetzt wurde rasch 1 ml einer schwach ammoniakalischen 0,05 M BSP-Lösung (209,5 mg/5 ml) zugefügt, wobei sich das Reaktionsgemisch fast völlig entfärbte; erforderlichenfalls wurde eine geringe Menge Natriumdisulfit zugesetzt. Nach Neutralisation mit 2 N NaOH bis zum Farbumschlag wurde der Kolben mit Wasser bis zur Marke aufgefüllt. Diese blauviolette Trägerlösung ist mehrere Monate haltbar.

5.3. *Radiojodierung des BSP*

Herstellung der erforderlichen Reagenzlösungen

BSP-Stammlösung. Durch Einwaage von 10 μmol bzw. 8,38 mg BSP (bei 100 °C getrocknet, danach über P_2O_5 im evakuierten Exsikkator aufbewahrt) in ein Wägeschiffchen, das in einen mit 250 ml Wasser (bidest.) gefüllten Maßkolben eingeworfen wird, wird eine 40 µM Stammlösung bereitet. 50 µl dieser Stammlösung enthalten 2 nmol bzw. 1,676 µg BSP. Auch diese bei 2–4 °C gelagerte Lösung kann mehrere Monate verwendet werden. Um BSP-Mengen von 0,5 bzw. 1 nmol in jeweils 50 µl entnehmen zu können, wird die Stammlösung 1:4 bzw. 1:2 verdünnt.

Chloramin T. Die Herstellung der Chloramin-T-Lösung erfolgte stets erst unmittelbar vor Gebrauch, indem 71,0 µmol bzw. 20 mg Chloramin T in ein 10-ml-Maßkölbchen eingewogen wurden; aufgefüllt wurde mit 0,1 M Phosphatpuffer (*p*H 7,4). 10 µl Lösung enthalten 71 nmol bzw. 20 µg Chloramin T.

Natriumdisulfit. 105,2 µmol bzw. 20 mg Natriumdisulfit wurden in ein 10-ml-Maßkölbchen eingewogen, wie oben wurde mit 0,1 M Phosphatpuffer aufgefüllt. 10 µl Lösung enthalten 105,2 nmol bzw. 20 µg $Na_2S_2O_5$ (entspricht 210,4 nmol bzw. 21,9 µg $NaHSO_4$).

BSP-Radiojodierung

In eine dünnwandige 1-ml-Abschmelzampulle mit rundgeblasenem Boden wurden 50 µl der BSP-Stammlösung (bzw. entsprechende Verdünnungen) vorgelegt. Die Ampulle wurde in der Markierungsbox auf einem Schwingteller befestigt, so daß eine intensive Durchmischung zwischen den in Abb. 6 schematisch dargestellten Pipettierungen erfolgen kann. Um das Einschleppen von Jodidverunreinigungen zu vermeiden, wurde für die Zugabe des $Na^{125}J$ stets eine neue Tropfpipette verwendet. Die Radiojodierung wurde durch Einpipettieren von 10 µl Chloramin T-Lösung gestartet und nach 2 min Reaktionszeit durch Zugabe von 10 µl Natriumdisulfitlösung gestoppt. Nach der Radioaktivitätsmessung wurden dem BSP-Radiojodierungsgemisch noch vor der papierchromatographischen Trennung 200 µl des gemäß 5.2. präparierten inaktiven Jod-BSP-Trägergemisches zugesetzt.

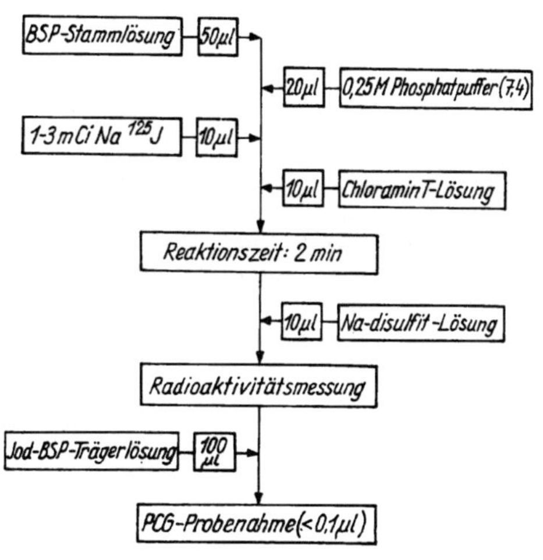

Abb. 6. Pipettierschema zur BSP-Radiojodierung.

5.4. *Papierchromatographische Trennung des Markierungsgemisches*

Das Fließmittel wurde durch Schütteln von 250 ml dest. *n*-Butanol mit 150 ml Ammoniak (25%ig) und Abtrennung der wäßrigen Phase gewonnen. Auf 2 cm breite Papierstreifen (FN 11) wurden ca. 0,1 µl aufgetragen, an der Luft getrocknet und in die vorgesättigte Kammer eingebracht. Eine gute Trennung wird bei einer Laufstrecke des Fließmittels von 35–40 cm erreicht, wozu bei Normaltemperatur etwa 30 Stunden erforderlich sind. Die Bestimmung der Rf-Werte wird durch die unterschiedliche Färbung der Flecke, die beim Räuchern der getrockneten Chromatogramme über konzentrierter Ammoniaklösung intensiv hervortreten, erleichtert. Die prozentuale Radioaktivitätsverteilung ergibt sich nach Auszählen 0,5 cm breiter Abschnitte der Streifen im Bohrlochzähler.

5.5. *Berechnung der spezifischen Aktivität an Hand eines praktischen Beispiels*

Die Berechnung der spezifischen Aktivität einer $Na^{125}J$-Charge wird an einem ausgewerteten Chromatogramm eines BSP-Radiojodierungsgemisches gezeigt:

LMF: 38,4 cm	Rf-Werte inaktiv	Rf-Werte aktiv	Imp./min	%
Start		0,08	12832	0,37
X 1		0,12	36668	1,06
BSP	0,19	–	–	–
X 2		0,21	69557	2,02
Monojod-BSP	0,28	0,29	1640468	47,54
Dijod-BSP	0,35	0,36	1021717	29,61
Jodid		0,46	579999	16,81
X 3		0,63	46748	1,35
X 4		0,79	30441	0,88
X 5		0,89	12247	0,36
			3450726	100,00
Monojod-BSP			1640468	61,62
Dijod-BSP			1021717	38,38
			2662185	77,15

Die Radioaktivitätsmessung des Jodierungsgemisches ergab 3,006 mCi; der Chromatogrammauswertung zufolge entfallen davon 77,15% auf die Jodsubstitutionsprodukte des BSP ($k = 0,7715$). Die Berechnung der spezifischen Aktivität des $Na^{125}J$ nach Gl. (5) ergibt dann:

$$a_t = \frac{3,006 \cdot 0,7715 \cdot 200}{38,38} = 12,08 \text{ Ci/mg}$$

6. Bewertung der Ergebnisse

Um Aussagen über die Präzision der vorgeschlagenen BSP-Methode machen zu können, haben wir über einen längeren Zeitraum die spezifischen Aktivitäten kommerzieller $Na^{125}J$-Lieferungen unterschiedlicher Provenienz sowohl nach dem neuen Verfahren als auch nach einer Referenzmethode mittels radioimmunologischer T3-Bestimmungen von ^{125}J-T3-Tracern, die unter Verwendung dieser $Na^{125}J$-Ausgangsaktivitäten präpariert worden sind, bestimmt. In Tab. 4 sind die hierbei gefundenen Werte gegenübergestellt. Bei den nach der BSP-Methode erhaltenen spezifischen Aktivitäten handelt es sich jeweils um Mittelwerte von Dreifachbestimmungen; die durchschnittliche Abweichung der Einzelwerte vom Mittelwert betrug ±2,2% bei einer maximalen Abweichung von ±6%. Tab. 4 enthält darüber hinaus für $n = 11$ die Mittelwerte der nach den beiden zu vergleichenden Methoden gefundenen spezifischen Aktivitäten sowie die daraus errechneten Standardabweichungen und die Variationskoeffizienten, aus denen sich ein mittlerer Variationskoeffizient von ±3,98% ergibt.

Tab. 4. Gegenüberstellung der Ergebnisse der Bestimmung der spezifischen Aktivitäten käuflicher $Na^{125}J$-Lieferungen nach der BSP- und der RIA-Referenzmethode

Nr.	BSP Ci/mg	RIA Ci/mg	$\bar{x}$	S_D	V_K
1	7,56	7,28	7,42	±0,198	±2,67%
2	11,25	12,56	11,91	±0,926	±7,78%
3	13,28	12,76	13,02	±0,368	±2,82%
4	13,20	13,02	13,11	±0,127	±0,97%
5	12,79	13,31	13,05	±0,368	±2,82%
6	11,61	11,90	11,76	±0,205	±1,74%
7	12,21	12,98	12,59	±0,544	±4,32%
8	12,24	14,67	13,46	±1,718	±12,77%
9	7,43	7,02	7,22	±0,297	±4,11%
10	5,52	5,60	5,56	±0,057	±1,01%
11	13,19	13,72	13,46	±0,375	±2,79%
					$\overline{V_K} = \pm 3{,}98\%$

Die nachgewiesene Präzision sowie der relativ geringe Arbeitsaufwand haben uns ermutigt, das neue Verfahren als Routinemethode zur Bestimmung der spezifischen Aktivitäten der für Tracermarkierungen bestimmten $Na^{125}J$-Chargen einzusetzen. Es wäre wünschenswert, daß das neue Verfahren in möglichst kurzer Zeit allgemeine Anwendung insbesondere bei den Herstellerfirmen für $Na^{125}J$ findet, so daß der Anwender künftig bereits aus den Lieferpapieren exakte Angaben über die spezifischen Aktivitäten der Radiojodidlieferungen entnehmen kann.

Eingegangen am 4. 9. 1979

Literatur

[1] *C. W. Parker*, Radioimmunoassay of biologically active compunds. Chapter 5: Indicator molecules. Prentice-Hall, Inc., Englewood Cliffs, New Jersey 1976

[2] *J. Landon, T. Livanou, F. C. Greenwood*, Biochem. J. **105** (1967) 1075

[3] *A. E. Bolton*, Radioiodination techniques, Review No. 18, The Radiochemical Centre Amersham, England 1977

[4] *R. S. Yalow, S. A. Berson*, In vitro studies. In: Radioisotopes in medicine, Oak Ridge, Tennessee, USAEC 1968

[5] *D. Herrmann*, Report SAAS – 202, Okt. 1976

[6] *H. Stephan*, Isotopenpraxis **2** (1966) 161

[7] *S. W. Smith, J. K. Taylor*, Anal. Chem. **29** (1957) 301

[8] *J. A. Turner, R. H. Aber, R. A. Osteryoung*, Anal. Chem. **47** (1975) 1343

[9] *H. P. Kramer, W. A. Moore, D. G. Ballinger*, Anal. Chem. **24** (1952) 1892

[10] *R. A. Barkeley, T. G. Thompson*, Anal. Chem. **32** (1960) 154

[11] *E. C. Potter, J. F. White*, J. appl. Chem. (London) **7** (1957) 309

[12] *J. Shain, S. P. Perone*, Anal. Chem. **33** (1961) 325

[13] *W. G. Gross, L. K. Wood, J. S. McHargue*, Anal. Chem. **20** (1948) 900

[14] *F. G. Houston*, Anal. Chem. **22** (1950) 493

[15] *B. L. Larson, K. A. Gilles, R. Jenness*, Anal. Chem. **25** (1953) 802

[16] *J. J. Custer, S. Natelson*, Anal. Chem. **21** (1949) 1005

[17] *E. B. Sandell, I. M. Kolthoff*, J. Amer. chem. Soc. **56** (1934) 1426

[18] *E. B. Sandell, I. M. Kolthoff*, Mikrochim. Acta **1** (1937) 9

[19] *S. B. Taurog, I. L. Chaikoff*, J. biol. Chem. **163** (1946) 313

[20] *A. L. Chaney*, Ind. Engng. Chem., Anal. Ed. **12** (1940) 179

[21] *S. B. Barker*, J. biol. Chem. **173** (1948) 715

[22] *J. W. Thomas, L. A. Shinn, H. G. Wiseman, L. A. Moore*, Anal. Chem. **22** (1950) 726

[23] *H. V. Malmstadt, T. P. Hadjiiannou*, Anal. Chem. **35** (1963) 2157

[24] *K. Lauber*, Anal. Chem. **47** (1975) 769

[25] *H. Kurcbart, S. Quiroga, R. A. Caro, R. Radicella*, J. Radioanal. Chem. **12** (1972) 547

[26] *G. Schneider, H. Herzmann, H. E. Schmidt, H. Buchali*, Über die Anwendung von ^{131}J-Bromsulfan in der hepatologischen Diagnostik. Vortrag auf dem VI. Nuklearmedizinischen Symposium, Reinhardsbrunn 1969

[27] *H. Herzmann, H. E. Schmidt, G. Schneider, W. Schimmelpfennig, W. Strangfeld, H. Gorka*, Radiobiol. Radiother. **11** (1970) 519

[28] *S. Kato, K. Kurata, T. Wakebayashi, N. Satoh, Y. Koiso*, Chem. pharmac. Bull. (Tokyo) **20** (1972) 581

[29] *S. Kato, K. Kurata*, U. S. Pat. 3.743713, Appl. 22. 6. 1971

[30] *M. Tubis*, Special iodinated compunds for biology and medicine. In: Radioactive pharmaceuticals (Proc. Symp. Oak Ridge 1965), USAEC, Div. Techn. Inform. Exten., Oak Ridge, Tennessee 1966

[31] *H. E. Schmidt*, Radiojodmarkierung organischer Verbindungen zum Zwecke ihrer Anwendung in der nuklearmedizinischen Diagnostik. Dissertation, Akademie der Wissenschaften der DDR, 1975

[32] *J. Weeke, H. Örskov*, Scand. J. Lab. Invest. **32** (1973) 357

[33] *L. Bölke, H. E. Schmidt, H. Herzmann*, im Druck

Erfahrungen bei der Anwendung der ^{85}Kr-Methode zur Temperaturmessung an Motorkolben

L. Sitnik[1]), *J. Kuśmidrowicz*[1]), *Z. Banasik*[2])

([1]) Institut für Maschinenbau und -betrieb der TH Wrocław; [2]) Institut für Kernforschung Warszawa)

Am Beispiel von Untersuchungen am Kolben eines Dieselmotors wird ein Verfahren der Bestimmung maximaler Temperaturen beschrieben, welche in dem Element auftreten, das mit Hilfe des Isotops ^{85}Kr markiert ist. Die Brauchbarkeit dieses Verfahrens für die Motoruntersuchungen wurde nachgewiesen, sowie die Möglichkeiten seiner Anwendung bei der Korrelation der Verteilung maximaler Temperaturen im Kolben mit dem Motorverschleiß und besonders mit dem Spiel- zwischen dem Kolben und dem Zylinder und den Einstellungen der Einspritzapparatur.

(D24) INIS DESCRIPTORS:

aluminium base alloys; desorption; Diesel motors; high temperature; ion beams; ion implantation; krypton 85; krypton compounds; silicon alloys; surfaces; temperature dependence; temperature measurement; tracer techniques wear

1. Einleitung

Die Entwicklung der Verbrennungsmotoren, die u. a. auf die Erzielung höchster Leistungen pro Volumeneinheit bei gleichzeitiger Verminderung des Motorgewichts ausgerichtet ist, führt zum Anstieg der mechanischen und thermischen Belastung ihrer Bauteile und Baugruppen. Dies ist von besonderer Bedeutung bei den Kolben. Die Kenntnis der Temperaturverteilung im Kolben, hauptsächlich der maximalen Temperaturen, die bei Grenzwerten der Motorbelastungen auftreten, ist eine für die Projektierung des Kolbens und der Kolbenringe notwendige Bedingung, um die entsprechende Festigkeit und Zuverlässigkeit der gesamten Baugruppe zu sichern.

Im Rahmen eines Versuchsprogramms zur Zuverlässigkeitsermittlung von Dieselmotoren, das vom Institut für Maschinenbau und -betrieb der TH Wrocław gemeinsam mit dem Institut für Kernforschung in Warszawa realisiert wird, wurde zur Ermittlung der Temperaturwerte im Kolben ein Verfahren angewendet, das sich auf die Eigenschaften des radioaktiven Isotops ^{85}Kr [1–3] stützt, das in die Oberflächenschicht des Kolbens eingeführt wird.

Ziel der durchgeführten Untersuchungen war

- eine experimentelle Prüfung des Verfahrens zur Bestimmung der maximalen Temperaturen an ausgewählten Kolbenpunkten;
- Bestimmung des Einflusses des Lösens des Ringträgers am ersten Verdichtungsring auf die Temperaturverteilung an ausgewählten Kolbenpunkten;
- Nachweis der Korrelationsmöglichkeiten des Verschleißzustandes und der Motoreinstellungen mit der Verteilung der maximalen Temperaturen im Kolben.

2. Untersuchungsverfahren

2.1. *Physikalische Grundlagen des Verfahrens*

Infolge Einführung der Edelgasatome – Krypton – in die Oberflächenschicht des Metalls entsteht das sog. Kryptonat. Die Art der Kräfte, die in den Bindungen des Kryptons mit dem Metall auftreten, ist bis heute noch nicht vollkommen erkannt. Die Kryptonate sind durch eine ganze Reihe von Eigenschaften gekennzeichnet; am wichtigsten ist dabei die Tatsache, daß die Kryptonate praktisch bei Raumtemperatur konstant sind und die Verringerung der Kryptonkonzentration in Metallen und deren Legierungen erst bei höheren Temperaturen auftritt. Die Ursachen der Kryptonatbeständigkeit waren Gegenstand zahlreicher Untersuchungen. *Leck* [1] hat nachgewiesen, daß die Bindekräfte des Kryptons im Metall viel größer sind als die Kräfte nach *van der Vaals.*

Einige Autoren vertreten die Meinung, daß Krypton zwischen den Oberflächen des Kristallgitters des Metalls liegt. Diese Auffassung, ähnlich wie die Hypothese, daß Krypton die Zwischengitterplätze im Kristall einnimmt, ist wegen des großen Durchmessers des Kryptonatoms (> 3 Å) kaum wahrscheinlich. Man kann annehmen, daß Krypton die Leerstellen im Kristallgitter füllt. Die Wahrscheinlichkeit, daß sich das Kryptonatom an Gitterleerstellen befindet, wächst mit ihrem Anstieg, also mit der Temperaturzunahme. Mit der Temperaturzunahme wächst jedoch auch die Energie des Kryptonatoms, das schnell die Leerstelle verlassen und einen anderen Platz einnehmen oder das Metall verlassen kann.

Daraus ist ersichtlich, daß für jeden Temperaturwert ein gewisses dynamisches Gleichgewicht vorhanden sein kann, das der bestimmten Anzahl der Gitterleerstellen mit Kryptonatomen entspricht. Der Temperaturanstieg begünstigt anfänglich den Anstieg der Gitterleerstellenzahl und erleichtert deren Besetzung, begünstigt aber auch das Verlassen des Metalls durch das Krypton. Wenn die Metalloberfläche mit der Atmosphäre ohne Krypton im Kontakt bleibt und es an gleichwertigem Partialdruck fehlt, kann aus dieser Oberfläche eine bestimmte Anzahl der Kryptonatome desorbieren. Diese Desorption wird durch den Temperaturanstieg beschleunigt. Da die Änderung der Kryptonkonzentration im Metall als Temperaturfunktion auftritt, können Kryptonate zu deren Bestimmung ausgenutzt werden.

Zur Bestimmung der Konzentration des Kryptongehalts im Metall können Isotopenverfahren ausgenutzt werden, weil die Tiefe der Schicht, in die das Krypton eindringt, gering ist (gewöhnlich $10^3 - 10^4$ Å); obwohl die Konzentration des eingeführten Kryptons gering ist, genügt sie,

[1]) Anschrift: ul. Ign. Łukasiewicza 7/9, 50-371 Wrocław

um bei der Anwendung des Radionuklids ^{85}Kr ein markiertes, für radiometrische Messungen geeignetes Material zu erhalten (insbesondere, weil ^{85}Kr günstige Kerneigenschaften besitzt $- T_{1/2} = 10{,}3$ Jahre, $E_{\beta\,\max} = 0{,}68$ MN). ^{85}Kr kann in die Oberflächenschicht mittels Diffusions- oder Implantationsverfahren eingeführt werden.

Die Diffusion des Kryptons in die Metalle und deren Legierungen kann bei Temperaturen von 300–600 °C unter einem Druck von etwa 1 MPa von der Gasdiffusionsquelle erfolgen. Im Hinblick auf die ziemlich hohe Diffusionstemperatur, bei der strukturelle Änderungen im Werkstoff auftreten können, hat dieses Verfahren keine breite Anwendung in bezug auf Konstruktionswerkstoffe gefunden.

Die Methode des Kryptonierens, die auf Implantation der Kryptonionen in den untersuchten Werkstoff (Temperatur der Implantation $\leqq 100$ °C) beruht, hat ihre Anwendung bei der Bestimmung der Oberflächentemperatur untersuchter Elemente gefunden.

Die Implantation der ^{85}Kr-Ionen kann u. a. am elektromagnetischen Massenseparator durchgeführt werden (auf diese Weise wurde der im vorliegenden Beitrag behandelte Werkstoff implantiert). Die Konzentration des Isotops ist nicht gleich in der gesamten Dicke der Oberflächenschicht des untersuchten Stoffes. Sie ist nämlich von der Ionenenergie während der Implantation abhängig. Ein Beispiel der Änderung der ^{85}Kr-Konzentration in der Oberflächenschicht bei unterschiedlicher Ionenenergie während der Aktivierung, bearbeitet von den Autoren aufgrund von Untersuchungen [3], ist in Abb. 1 gezeigt. Daraus ist ersichtlich, daß etwa 90% der ^{85}Kr-Ionen in der bis etwa

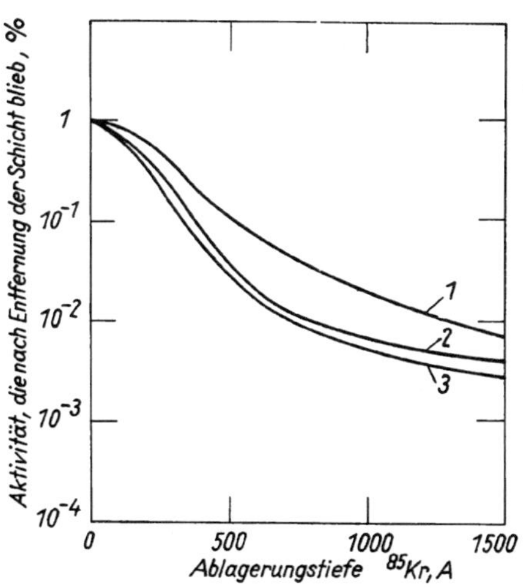

Abb. 1. Ablagerungstiefe ^{85}Kr in der Funktion der Ionenenergetik
Ionenenergie: 1 – E = 60 keV, 2 – E = 45 keV, 3 – E = 30 keV

500 Å dicken Schicht vorkommen. Dies ist sehr vorteilhaft bei der Temperaturbestimmung untersuchter Elemente, wenn deren Oberflächenschicht keinem Verschleiß unterliegt. Im entgegengesetzten Fall, bei der Bestimmung der Temperatur in der Oberflächenschicht der Elemente, wenn ein Verschleiß der Oberflächenschicht erfolgt, kann der gewaltige und nichtlineare Abfall der ^{85}Kr-Konzentration mit der Zunahme der Dicke der Oberflächenschicht bedeutende Ungenauigkeiten des Verfahrens hervorrufen.

2.2. *Methodik der Untersuchungen*

Die Methodik der Untersuchungen stützt sich auf die Ausnutzung physikalischer Kryptonateigenschaften. In einer Reihe von Untersuchungen wurde eine lineare Abhängigkeit der Kryptonatkonzentration in der Oberflächenschicht des Metalls von der Temperatur, auf die das Kryptonat erwärmt wird, festgestellt. Da die Erscheinung der Desorption unter den Bedingungen der Arbeit von Elementen, deren Temperatur bestimmt wird, eine unwiderrufliche Erscheinung ist, tritt die sog. „Erinnerung" des Kryptonats an die maximale Temperatur, auf die es erwärmt wurde, auf. Wenn bei beliebiger Temperatur T, auf die das Kryptonat erwärmt wurde, eine gewisse Konzentration des Kryptons im untersuchten Werkstoff bestimmt wird, soll ein späteres – sogar vielfaches – Erwärmen auf kleinere Temperaturen als T keinen Einfluß auf die Kryptonatkonzentration ausüben. Die Änderung der Konzentration hingegen, sogar der linearen mit der Temperatur, sollte man nach Überschreiten des Wertes T erwarten.

Daher werden die Untersuchungen folgendermaßen ausgeführt:

Die untersuchten Elemente sind durch das Isotop ^{85}Kr markiert, was mittels zwei Methoden erfolgen kann:

- durch unmittelbare Einführung des Nuklides in das zu prüfende Element mittels Implantation,
- durch Einführung von Kryptonatzusätzen in das Material des zu prüfenden Elementes.

Die Einsätze werden auch mittels Implantation am elektromagnetischen Massenseparator kryptoniert.

Die Anwendung des Separators hat den Vorteil, daß reines ^{85}Kr eingeführt werden kann, d. h., bei bestimmter Anzahl der Gitterleerstellen im Material können maximale ^{85}Kr-Konzentrationen erhalten werden.

Nach Abschluß der Implantation soll die Aktivität des Kryptonats – I_a (Abb. 2) bestimmt werden. Diese Aktivität wird bei Raumtemperatur (20 °C) bestimmt. Weiterhin wird das Kryptonat während der Arbeit des Elementes, in dem es sich befindet, auf eine bestimmte Temperatur T_i erwärmt. Nach Durchwärmung bei der Temperatur T_i sinkt seine Aktivität bis auf den gemessenen Wert I_0. Eine

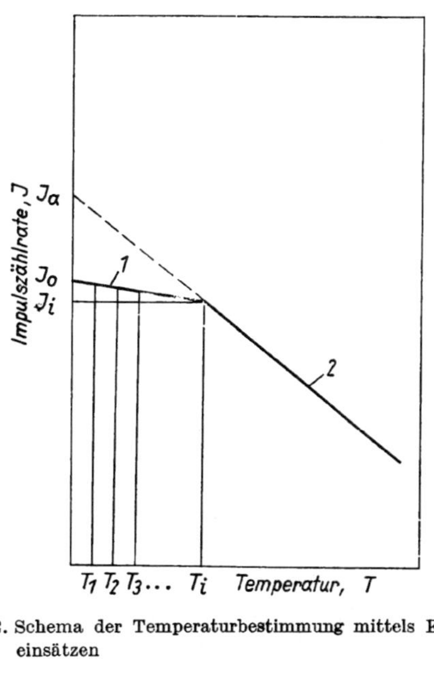

Abb. 2. Schema der Temperaturbestimmung mittels Kryptonateinsätzen

wiederholte Durchwärmung des Kryptonats bei einer Temperatur $< T_i$ sollte keinen Einfluß auf seine Aktivität ausüben. In Wirklichkeit beobachtet man jedoch nach einigen Tagen Erwärmung bei der Temperatur T_i eine geringe Senkung der Kryptonataktivität (Gerade 1 in Abb. 2). Erklären kann man das durch die Möglichkeit der Zufallsänderungen der Lage von Gitterleerstellen wie auch der Diffusionsrichtungen innerhalb des Materials, was eine zusätzliche Desorption des Kryptons aus dem Metall verursachen kann.

Nach der Erwärmung auf die Temperatur $T_1 < T_i$ und Abkühlung auf die Temperatur $T_0 = 20$ °C wird die Aktivität $I_1 < I_0$ gemessen, nach der Erwärmung auf $T_2 > T_1$ und Abkühlung auf T_0 wird die Aktivität $I_2 < I_1$ gemessen, weiterhin wird das Kryptonat auf $T_3 > T_2$ erwärmt, und es wird die Aktivität $I_3 < I_2$ gemessen usw.

Bei dieser Vorgehensweise beobachtet man auch nach Überschreiten der Temperatur T_i nach jedem Schritt eine bedeutende Senkung der Aktivität (Gerade 2, Abb. 2). Die Abszisse des Schnittpunktes der Geraden (1 und 2) wird durch die Temperatur gebildet, die früher in dem Bereich, der mit Kryptonat markiert wurde, auftrat. Die Bestimmung des Schnittpunktes der Geraden sowie die Ermittlung der Temperaturwerte wird eingehend im Abschnitt 3 behandelt.

Um dieses Verfahren zu prüfen, wurden Temperaturmessungen an Proben aus Stahl, Kupfer, Duraluminium und Gußeisen durchgeführt. Die ^{85}Kr-Ionen wurden am elektromagnetischen Massenseparator in die Proben implantiert. Die Nettozählrate wurde mittels einer G-M-Sonde gemessen, die in einem Bleischutz (Abb. 3) in konstanter Meßgeometrie angebracht wurde.

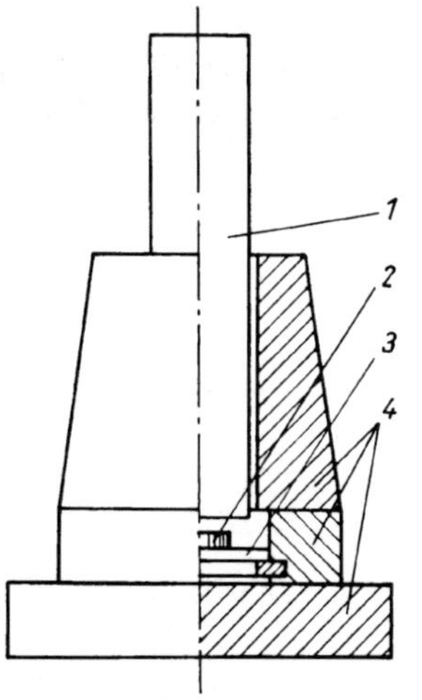

Abb. 3. Geometrie der Messungen

1 – Sonde G-M; 2 – Kryptonat; 3 – Untersatz; 4 – Bleischutz

Nach den Messungen der Nettozahlräte I_a wurden die Proben in einem Elektroofen bei konstanter Temperatur (175 ± 1 °C) innerhalb 30 min erwärmt. Danach wurden die Proben in flüssigem Stickstoff auf 20 °C abgekühlt. Ein Teil der Kryptonionen unterlag einer Desorption, was die Bestimmung von I_0 nach Isotopenmessungen (laut Schema – Abb. 3) zur Folge hatte.

Die Meßzeit war gleich und betrug 500 s.

Weiterhin wurden die Proben schrittweise um je 10 °C von 100 °C an bis auf 220 °C erwärmt. Die Proben wurden

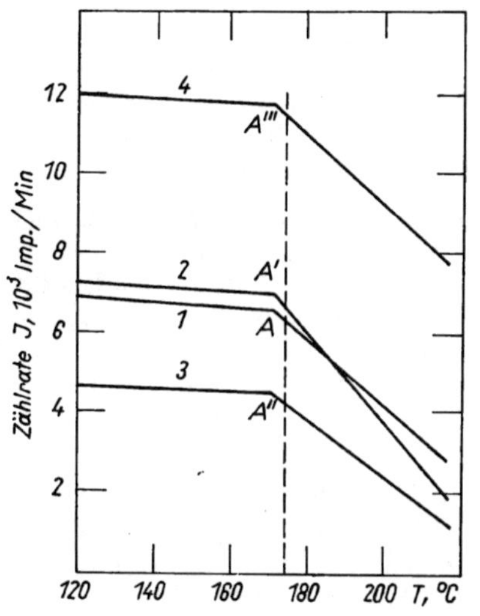

Abb. 4. Änderungen der Strahlungsstärke der Kryptonatmuster in der Funktion der Durchwärmungstemperatur

reelle Durchwärmungstemperatur $T = 175$ °C; 1 – $A = 172$ °C; 2 – $A' = 172$ °C; 3 – $A'' = 170$ °C; 4 – $A''' = 174$ °C

jeweils abgekühlt und deren Nettozählraten gemessen. Gemäß den Kryptonateigenschaften wurde die wesentlichere Senkung der Strahlungsstärke erst bei 180 °C beobachtet. In Abb. 4 sind die Diagramme der Strahlungsänderung als Funktion der Temperatur für untersuchte Metalle dargestellt. Wie aus den gezeigten Diagrammen ersichtlich, ist der Fehler der Temperaturbezeichnung kleiner als 5%. Ähnliche Untersuchungen wurden mit anderen Proben derselben Kryptonate durchgeführt, die anfänglich auf 200 °C erwärmt wurden. Die Temperaturabweichungen betrugen von 3 °C bis 8 °C, der Fehler war also auch kleiner als 5%.

3. Versuche an Kolben eines Dieselmotors

3.1. *Vorbereitung und Verlauf der Versuche*

Für die Untersuchungen wurden drei Kolben (Silumin) eines Motors mit der Leistung von 86 kW gewählt, versehen mit einem eingegossenen Ringträger für den ersten Kolbenring. Um den Einfluß des Ablösens des Ringträgers auf den Wärmeaustausch zu untersuchen, wurden zwei Kolben mit abgelöstem Ringträger und ein unbeschädigter Kolben verwendet.

Die untersuchten Kolben wurden mit Einsätzen markiert, die im oberen Kolbenteil angeordnet wurden (Abb. 5). Einsätze mit geometrischen Abmessungen, die in Abb. 5 angegeben sind, wurden aus Silumin (mit dem Werkstoff des Kolbens identisch) angefertigt, und am elektromagnetischen Massenseparator wurde in deren Oberfläche (mit dicker Linie auf Abb. 5 markiert) ^{85}Kr implantiert. Die Ionenenergie betrug 60 keV. Nach der Aktivierung wurden Messungen der Aktivität der Einsätze durchgeführt (Geometrie und Meßverfahren wie in Abb. 3). Die anfängliche Aktivität der Einsätze betrug 3–5 kBq. Weiterhin wurden die Einsätze in entsprechend vorbereitete Öffnungen in den Kolben (Abb. 5) eingeschraubt. Da die Einsätze gleich nach den Motoruntersuchungen entfernt werden müssen, wurden sie zwecks Sicherung vor dem Herausfallen mit einem bestimmten Moment angeschraubt.

Die markierten Kolben wurden im 4., 5. und 6. Zylinder des Motors montiert (vom Lüfter aus gerechnet – Abb. 6)

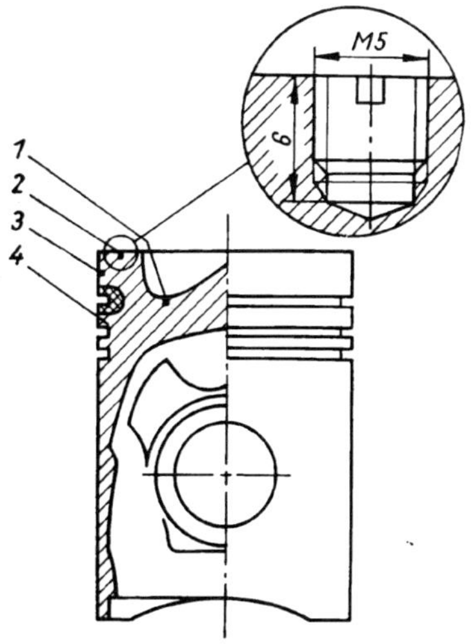

Abb. 5. Schema der Verteilung von Kryptonateinlagen im Kolben

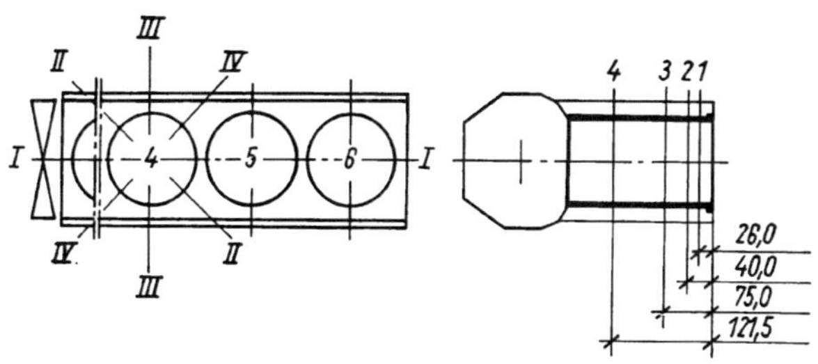

Abb. 6. Markierungsschema der Zylinderverschleißmessungen

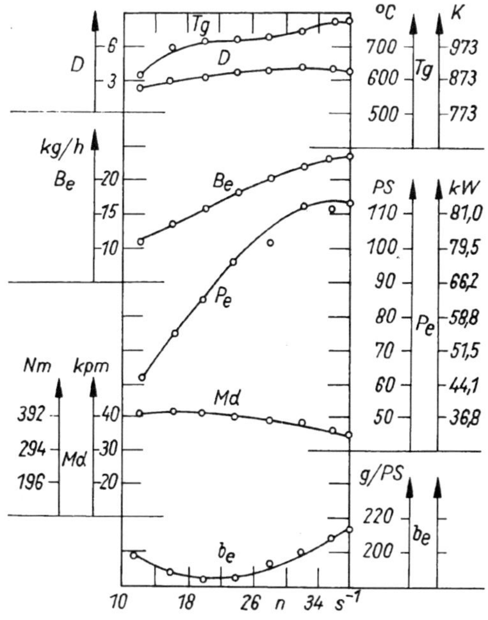

Abb. 7. Kennlinien des untersuchten Motors

n – Umdrehungen; b_e – spezifischer Kraftstoffverbrauch; B_e – Kraftstoffverbrauch; M_d – Drehmoment; D – Auspuffrauch; P_e – Leistung; T_g – Auspuffgas-Temperatur

Nach der Montage arbeitete der Motor 2 Stunden auf dem Motorprüfstand unter Belastung $P_e = 65{,}26$ kW, $n = 35\ s^{-1}$ (Abb. 7).

Die Wahl der Belastung war von den Meßbedingungen abhängig, die Vergleichscharakter trugen (es wurden die Temperaturen an unbeschädigten Kolben und Kolben mit abgelösten Einlagen – Ringträger – untersucht), sowie vom Risiko des Herauslösens von Kryptonaten, welches mit dem Anstieg der Drehzahl und der Belastungszunahme des Motors zunahm.

Bei zeitunveränderlichen Arbeitsbedingungen des Motors wird die thermische Kolbenbelastung bestimmt. Dadurch wird die Bestimmung der maximalen Temperaturen, die bei den eingestellten Bedingungen am Kolben auftreten, ermöglicht.

Nach der Probe am Motorprüfstand wurde der Motor zerlegt. Die Einsätze wurden aus den Kolben herausgeschraubt. Es wurde kein Ablösen der Einsätze während der Motorarbeit beobachtet, und deshalb ist das Anschrauben mit einem bestimmten Moment eine genügende Sicherung vor dem Herausfallen. Alle Einsätze wurden weiterhin im Elektroofen erwärmt, der mit einem System zur selbsttätigen Temperaturkonstanthaltung ausgerüstet ist. (Temperatur von 120 °C während 0,5 h). Nach der Erwärmung wurden die Einsätze auf 20 °C abgekühlt und Strahlungsmessungen eines jeden Einsatzes durchgeführt. Dieser Arbeitsgang wurde nach der Erwärmung des Ofens auf 160 °C wiederholt. Die Temperaturen, auf welche die Einsätze erwärmt wurden, wie auch die Impulszahl der Strah-

Tab. 1. Ergebnisse radiometrischer Temperaturmessungen am Kolben Nr. 4

Nr. des Meß-bereichs	Impulssumme in Imp./100″													
	Temp. °C													
	120	140	160	180	200	220	230	240	250	265	280	300	320	350
1	46870	47240	47970	46950	46110	46280	45000	45930	43290	41830	40070	36890	32800	28200
	1,000	1,007	1,023	1,001	0,983	0,987	0,960	0,980	0,923	0,892	0,855	0,787	0,700	0,601
2	51000	50650	52000	49250	49300	46000	43850	42700	41560	40500	38500	34400	31000	21000
	1,000	0,993	1,020	0,965	0,966	0,900	0,860	0,837	0,815	0,794	0,754	0,670	0,600	0,400
3	50800	48460	51400	49600	50800	46750	46100	44100			42500	40250	36300	28200
	1,000	0,954	1,100	0,976	1,000	0,920	0,900	0,870			0,830	0,790	0,714	0,550
4	44300	44900	41250	38100	35000	33230	32500	31680			28180	26140	21490	20400
	1,000	1,010	0,930	0,860	0,790	0,750	0,730	0,715			0,636	0,590	0,485	0,460

Tab. 2. Ergebnisse radiometrischer Temperaturmessungen am Kolben Nr. 5

Nr des. Meßbereichs	Impulssumme in Imp./100″												
	Temp. °C												
	120	140	160	180	200	220	240	260	280	300	330	350	400
1	48850	48850	48850	48850	47000	48400	47630	47300	44550	42150	40000	37500	27200
	1,000	1,000	1,000	1,000	0,960	0,990	0,975	0,968	0,910	0,860	0,818	0,760	0,550
2	22350	21250	20300	21250	21000		21050	20200	19100	18750	18000	15600	12500
	1,000	0,950	0,930	0,950	0,940		0,940	0,907	0,850	0,838	0,810	0,670	0,540
3	50700	48900	50700	48700	49300	48500	49400	48300	47850	45000	43500	40900	29200
	1,000	0,944	1,000	0,960	0,970	0,956	0,970	0,950	0,940	0,887	0,857	0,800	0,580
4	74900	73550	72300	74900	72500		71250	65550	63150	59100	53200	49400	31400
	1,000	0,980	0,960	1,000	0,967		0,950	0,880	0,850	0,790	0,710	0,660	0,420

Tab. 3. Ergebnisse radiometrischer Temperaturmessungen am Kolben Nr. 6

Nr. des Meßbereichs	Impulssumme in Imp./100″												
	Temp. °C												
	120	140	160	180	200	220	240	260	275	300	320	335	350
1	10810	10770	10810	10585	10795	10595	10000	91300	88400	78700	76450	63200	58400
	1,000	0,996	1,000	0,980	0,998	0,974	0,925	0,840	0,817	0,730	0,700	0,584	0,540
2	20340	20200	20130	19900	10790	19150	18970	18650	18465	17550	16340	14120	10410
	1,000	0,990	0,990	0,980	0,970	0,940	0,930	0,916	0,900	0,860	0,803	0,690	0,510
3	89800	87500	84800	86150	86900	77750	76500	75800	71000	67200	61850	52800	40000
	1,000	0,974	0,944	0,960	0,967	0,865	0,840	0,837	0,790	0,748	0,688	0,580	0,450
4	26500	26500	25550	28100	27600	25500	24600	23400	20000	17900	16200		
	1,000	1,000	0,960	1,060	0,960	0,960	0,916	0,880	0,754	0,690	0,610		

lung, gezählt während 100″ bis 400″ nach jeweiliger Abkühlung der Einsätze auf 20 °C und nach Messungen wie in Abb. 3, sind in Tab. 1, 2 und 3 angegeben. Messungen der Nettozählrate wurden mittels eines Szintillationszählers mit dünnem Kunststoffkristall ($U = 0{,}2$ mm) ausgeführt.

Die einzelnen Temperaturen der Durchwärmung der Einsätze, wie auch die Temperatur der Strahlungsmessung (20 °C) wurden bis auf eine Genauigkeit von ± 1 °C eingehalten.

Unterhalb des Wertes der Nettozählraten, die in den Tab. 1, 2 und 3 zusammengestellt sind, wurde das Verhältnis I_i/I_0 (I_0 — die anfängliche, I_i — die i-te der Zählrate) angegeben. Es ist ersichtlich, daß nach Überschreiten der Erwärmungstemperatur, die der des Kolbens im Bereich der Einspannung des Kryptonat-Einsatzes entspricht, ein plötzlicher Abfall der Aktivität des Einsatzes erfolgt, was es ermöglicht, seine Temperatur zu bestimmen.

Es ist dies die maximale Temperatur, die anfänglich im Markierungsbereich auftrat.

3.2. *Bearbeitung der Meßergebnisse*

Die Genauigkeit, mit welcher die früher im Kryptonatbereich auftretende Temperatur ermittelt wurde, ist vom Verfahren der weiteren Bearbeitung der Versuchsergebnisse abhängig. Deshalb wird diese Methode eingehend behandelt und am Beispiel von Einsätzen im Kolben Nr. 5 dargestellt.

Wie bereits gesagt, entspricht die maximale Temperatur, die im Kryptonatbereich während der Motorarbeit auftrat, derjenigen Temperatur, bei der während der Kryptonaterwärmung und seiner Abkühlung auf Raumtemperatur ein plötzlicher Abfall der Zählrate in den Messungen der Radioaktivität erfolgt. Es ist daraus ersichtlich, daß zur genauen Ermittlung dieser Temperatur die Kryptonatdurchwärmung gesteigert werden muß, z. B. je 0,5 oder 1 Grad. Dies kann jedoch viele Schwierigkeiten technischer Art hervorrufen und kann keine, im Hinblick auf die unvermeidbare Streuung der Meßergebnisse, befriedigenden Resultate ergeben. Dies ist auch von ökonomischer Seite nicht brauchbar, weil sich die Zeit der Bearbeitung der Ergebnisse bedeutend verlängern würde. Aus diesem Grund wird die Erwärmung z.B. um je 10—20° gesteigert (wie im vorliegenden Beitrag). Es wird auf diese Weise eine Reihe von Punkten erhalten, die graphisch (wie in Abb. 8) dargestellt werden können. Die gewünschte Temperatur wird durch den Schnittpunkt der Geraden bestimmt, mit deren Hilfe die Meßergebnisse approximiert werden.

Die Meßpunkte gestalten sich nämlich so, daß sie von einer Geraden geschnitten werden können. Somit können Tangenten zu dieser Geraden ermittelt und die Abszissenwerte ihres Schnittpunktes als die gewünschte Temperatur betrachtet werden.

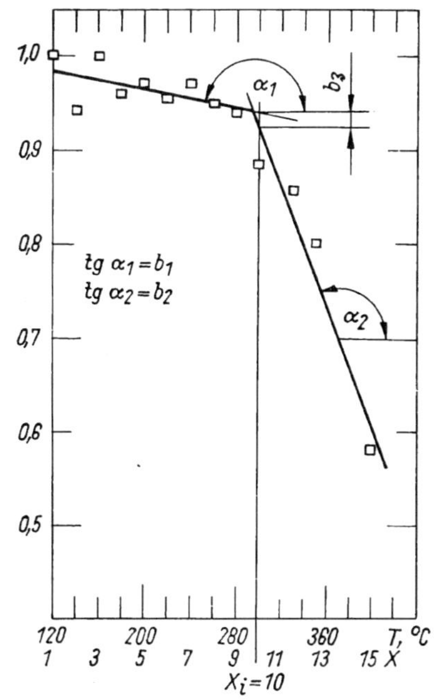

Abb. 8. Graphische Darstellung des Verfahrens zur Temperaturermittlung der Kryptonateinlage

Solche Vorgehensweise scheint nicht richtig zu sein, weil sie, der Meinung des Verfassers nach, zur Fälschung der Ergebnisse führen könnte. Dies wird dadurch verursacht, daß man einerseits auf der Geraden keine Punkte feststellen kann, von denen aus die Tangenten geführt werden könnten, andererseits ist der Schnittpunkt dieser Geraden immer ziemlich weit von der Menge der Meßpunkte entfernt, was die Idee dieser Messungen verneint. Es wäre daher zweckmäßig, die Menge der Meßpunkte mit zwei Geraden Typ $y = b_0 + b_1x$ zu approximieren. Die Koeffizienten b_0 und b_1 dieser Geraden werden so ermittelt, daß die Menge der Meßpunkte in zwei Teilmengen eingeteilt wird, und in jeder dieser Teilmengen werden die gesuchten Koeffizienten mit Hilfe der Methode der kleinsten Quadrate bestimmt. Vor Beginn der Messungen ist die Teilungsgrenze der Menge von Meßpunkten nicht bekannt, deshalb wird sie mittels Iteration im Bereich einiger Meßpunkte geändert bis zur Erzielung der besten Annäherung mit den Geraden der Meßpunkte (das Maß dieser Annäherung können z. B. die Werte des F-Testes der Gleichungen beider geraden Linien bilden).

Solche Handlungsweise kann aber nicht eindeutig sein. Wird nämlich angenommen, daß der Test F der Gleichung der ersten Linie gleich F_1 und der zweiten Linie gleich F_2 ist, so soll bei der Verschiebung Punkt nach Punkt die Teilungsgrenze der Menge von Meßpunkten zugleich eine Zunahme oder Abnahme von F_1 und F_2 auftreten. Man kann sich jedoch auch vorstellen, daß die Meßpunkte so angeordnet werden können, daß bei gleichzeitiger Zunahme des Wertes vom Test F für eine Gleichung derselbe Wert für die zweite Gleichung abnimmt. Dies ist zu vermeiden, indem man eine Modellgleichung einführt, die den Verlauf dieser Geraden darstellt, zu denen die Meßergebnisse approximiert werden. Der Algorithmus solch einer Gleichung wird am Beispiel der Meßergebnisse des Punktes 3 am 5. Kolben (Punkt 35) behandelt.

Die Ergebnisse dieser Messungen wurden in Tab. 2 zusammengestellt. Auf Grund dieser Ergebnisse wurde Tab. 4

Tab. 4. Hilfsangaben zur Temperaturermittlung der Kryptonat-Einlage

			X_1	X_2	X_3	Y
1	2	3	4	5	6	7
1	120	1,0	1,0	0,0	0,0	1,000
2	140	2,0	2,0	0,0	0,0	0,944
3	160	3,0	3,0	0,0	0,0	1,000
4	180	4,0	4,0	0,0	0,0	0,960
5	200	5,0	5,0	0,0	0,0	0,970
6	220	6,0	6,0	0,0	0,0	0,956
7	240	7,0	7,0	0,0	0,0	0,970
8	260	8,0	8,0	0,0	0,0	0,950
9	280	9,0	9,0	0,0	0,0	0,940
10	300	10,0	10,0	0,0	1,0	0,887
11	330	11,5	10,0	1,5	1,0	0,857
12	350	12,5	10,0	2,5	1,0	0,800
13	400	15,0	10,0	5,0	1,0	0,580

angefertigt. In der 2. Spalte dieser Tabelle wurden die Temperaturen angegeben, welche von den Kryptonat-Einlagen während ihrer jeweiligen Erwärmung nach den Motoruntersuchungen erreicht werden. In Spalte 3 wurden die diesen Temperaturen zugeordneten Zahlenwerte angegeben. Die Spalten 4—6 enthalten die entsprechend geordneten Hilfsdaten (die nicht während der Messungen erhalten wurden) zur Bearbeitung der gewünschten Modellgleichung. In der 7. Spalte wurden Werte der Beziehungen I_1/I_0 bei entsprechender Temperatur angeführt.

Betrachtet man die Werte in den Spalten 4—6 als Matrix $\boldsymbol{X}$ und die Werte aus Spalte 7 der Tab. 4 als Spaltenmatrix $\boldsymbol{Y}$, so kann man eine Modellgleichung in der Form

$$y = \beta_0 + \beta_1 X_1 + \beta_2 X_2 + \beta_3 X_3 + \varepsilon \quad (1)$$

erhalten.

Die Ästimatore b der Koeffizienten β der Gleichung (1) können aus der bekannten Beziehung

$$\boldsymbol{b} = (\boldsymbol{X}'\boldsymbol{X})^{-1}\, \boldsymbol{X}'\boldsymbol{Y} \quad (2)$$

erhalten werden, worin $\boldsymbol{X}'$ die umgesetzte Matrix der Matrix $\boldsymbol{X}$ bedeutet. Somit kann die Gleichung (1) folgende Form annehmen:

$$\hat{y} = b_0 + b_1 X_1 + b_2 X_2 + b_3 X_3 \quad (3)$$

wobei

b_0 — anfängliche Ordinate der Linie 1,

b_1 — Neigung (Tangens des Neigungswinkels) der Linie 1 zur Abszissenachse,

b_2 — Neigung der Linie 2,

b_3 — Werte der schlagartigen Änderung in der i-ten Beobachtung, d. h. vertikaler Abstand, um welchen die 2. Linie über die 1. Linie im Punkt der i-ten Beobachtung liegt (Abb. 8).

Wird das Iterationsverfahren verwendet, dann können die Koeffizienten der Gleichung (3) bei jeder i-ten Beobachtung berechnet werden (i verändert sich von 1 bis n, n — Anzahl der Messungen). Es muß jedoch die Tatsache berücksichtigt werden, daß jede Änderung von i eine Änderung von $\boldsymbol{X}$ zur Folge hat. In Tab. 4 wurde z. B. $\boldsymbol{X}$ bei i gleich 10 angegeben (wir bezeichnen das mit $\boldsymbol{X}_{10}$). Die Berechnungen können bis zu dem Moment geführt werden, in dem der maximale Wert des Korrelationskoeffizienten oder der Wert des F-Testes für die Modellgleichung (3) erreicht wird.

Während der Messungen mit der Kryptonat-Einlage am Kolben 5, Punkt 3 erhielt man folgende Ergebnisse von $\boldsymbol{b}$:

$$b_0 = 0{,}989\,387$$

$$b_1 = -4{,}766\,63\text{E-}03$$

$$b_2 = -6{,}366\,01\text{E-}02$$

$$b_3 = -1{,}748\,85\text{E-}02$$

Die Modellgleichung für die beiden Geraden, mit denen die Versuchsergebnisse approximiert wurden, kann folgende Gestallt annehmen

$$Y = 0{,}989\,387 - 4{,}766\,63\text{E}\cdot 03 X_1 - 6{,}366\,01\text{E-}02 X_2 - 1{,}748\,85\text{E-}02 X_3 \quad (4)$$

Auf Grund einer statistischen Verifikation dieser Gleichung konnte Tab. 7 zusammengestellt werden.

Wie schon erwähnt, hat die Änderung des Punktes i die Änderung von $\boldsymbol{X}_i$ zur Folge, und folglich kann bei denselben $\boldsymbol{Y}$ ein anderer Vektor $\boldsymbol{b}_i$ ermittelt werden. Dies verursacht dann eine Änderung in der Tabelle der Varianzanalyse. Dies ermöglicht, die Annäherung der Meßergebnisse mittels Modellfunktion zu beurteilen und damit die optimale Annäherung zu finden. Die Bestimmung einer optimalen Modellgleichung ist unter diesen Bedingungen eindeutig, weil jeweils nur ein Annäherungsmaß (z. B. der Wert F bei gegebenem Freiheitsgrad oder der Korrelationskoeffizient für die jeweilige Annäherung u. dgl.) analysiert wird.

Eine große Bedeutung soll hier der guten Annäherung der Meßergebnisse im Punkt 35 mittels Funktion (4) beigemessen werden. Groß sind der Korrelationskoeffizient und der Koeffizient des relativen Anteils der Abweichung, klein ist hingegen der Fehler der Standardabweichung.

Der Wert F überragt bedeutend den für eine entsprechende Anzahl der Freiheitsgrade geforderten Wert (der gewünschte Wert beträgt hier $[F(3, 9, 0{,}99)] = 6{,}99$).

Um einen Vergleich zu ziehen, kann angegeben werden, daß zwei Geraden, die einzeln bei entsprechender Einteilung der Datenmenge ermittelt werden (die ersten neun Beobachtungen sollen als Daten zur Emrittlung der ersten und die anderen zur Ermittlung der zweiten Geraden dienen), folgende Gleichungen haben

$$Y_1 = -4{,}766\,34\text{E-}03 X_1 + 0{,}989\,39 \quad (5)$$

$$Y_2 = -6{,}366\,09\text{E-}02 X_2 + 1{,}560\,84 \quad (6)$$

Berücksichtigt werden soll auch die Tatsache, daß die optimalen Ergebnisse mit den Ergebnissen, die auf früher beschriebene Weise (eine Approximationsgleichung) erreicht wurden, gut übereinstimmen. Es ist zugleich sichtbar, daß bei der Ermittlung der Koeffizienten für beide Gleichungen einzeln, auf Grund eines Vergleichs der Werte F_1 mit dem entsprechenden Wert aus den Tabellen des Tests F von Sendecor, die Null-Hypothese über die Unadäquatheit dieser Geraden (im Vertrauensniveau 0,95) zur Modellbeschreibung der Versuchsergebnisse nicht abgelehnt werden könnte (Tab. 7). Dies würde, ohne Kenntnis einer anderen Bearbeitungsweise von Versuchsergebnissen über den Verlauf dieser Geraden die Richtigkeit der aus diesen Untersuchungen resultierenden Schlußfolgerungen beanstanden.

Sind die Versuchsergebnisse in Form des optimalen Vektors $\boldsymbol{b}_i$ vorhanden, so kann der Schnittpunkt entsprechender Geraden ohne Schwierigkeiten bestimmt werden. Die Abszisse für diesen Punkt kann aus dem Verhältnis

$$X = X_i + b_3(b_1 - b_2)^{-1} \quad (7)$$

ermittelt werden.

Im Falle der als Beispiel angeführten Meßergebnisse (Punkt 35) beträgt der Wert $X = 9{,}703\,08$. Berücksichtigt man die in Abb. 8 dargestellten Angaben (Ermittlung des X-Wertes), so ist die gewünschte Temperatur $T = 100 + 20X = 294{,}061\,°\text{C}$. Die Meßergebnisse und Berechnungen von Temperaturen der Kryptonat-Einlagen im Kolben 5 werden in Abb. 9 gezeigt.

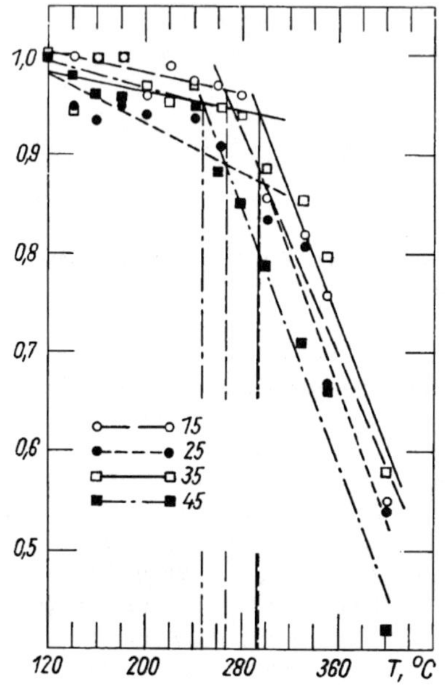

Abb. 9. Die ermittelten Temperaturen am Kolben 5

Die Meßergebnisse sowie die entsprechenden Temperaturen der Kryptonat-Einlagen sind aus Tab. 5 ersichtlich. Die Genauigkeit, bis auf einige Stellen nach dem Komma, folgt aus den Berechnungen und kann anders nicht betrachtet werden, weil in Wirklichkeit bei den Messungen Fehler vorkommen. Die Beurteilung dieser Fehler ist von großer Bedeutung, weil man auf dieser Grundlage auf die Nützlichkeit dieser Methode bei den Temperaturmessungen schließen kann. Berücksichtigt man lediglich den Fehler des mathematischen Modells (Gleichung 4), dann ist er, wie aus der Tabelle der Varianzanalyse hervorgeht, klein. Es ist hier auch die Tatsache zu berücksichtigen, daß die Fehler im ganzen Verfahren nicht nur aus Berechnungsfehlern bestehen, sondern auch aus anderen Fehlern; die wichtigsten von ihnen sind die Fehler der Angaben, die in die Berechnungen eingeführt werden. Diese Fehler sind besonders mit der Genauigkeit der Temperaturmessung des Kryptonats während der schlagartigen Erwärmung verbunden.

Der Fehler der ganzen Methode kann somit einige Prozent betragen, was bei verhältnismäßig hohen Temperaturen, die während der Erwärmung erreicht werden (etwa 400 °C), dazu führt, daß die Genauigkeit des Verfahrens bei etwa ein paar Celsiusgrad liegt.

Tab. 5. Zusammenstellung der Meßergebnisse der Temperaturwerte an Kolben

Kryptonats-Nr.	*X*	*Y*	Temperaturwerte in °C	Temperaturunterschied in Pkt. 3 u. 4, in °C	Bemerkungen
1	2	3	4	5	6
14	7,05754	0,97174	241,150 ± 3	154,811	unbeschädigt
24	5,40679	0,96569	208,135 ± 8		
34	8,74203	0,87402	274,840 ± 13		
44	1,00147	1,02320	120,029 ± 3		
15	8,20103	0,96903	264,020 ± 8	46,253	beschädigt
25	9,74588	0,87334	294,917 ± 10		
35	9,70308	0,94314	294,061 ± 12		
45	7,39040	0,95212	247,808 ± 5		
16	6,20801	0,98019	224,160 ± 3	95,240	beschädigt
26	10,71820	0,86921	314,364 ± 3		
36	10,64120	0,74859	312,824 ± 6		
46	5,87923	0,99024	217,584 ± 10		

4. Analyse der Meßergebnisse

Man stellte bedeutende Unterschiede zwischen Temperaturwerten an Kolben fest, die in verschiedenen Zylindern angebracht waren. Die höchsten Temperaturen wurden im Kolben des 6. Zylinders festgestellt, die kleinsten im Kolben des 4. Zylinders. Die maximale registrierte Temperatur in der Brennkammer betrug 264 °C ± 8 °C (Kolben Nr. 5), die minimale −224 ± 3 °C (Kolben Nr. 6). Die maximale Temperatur des Kolbenbodens von 314 °C ± 3 °C wurde im Kolben Nr. 6, die minimale hingegen −208 °C ± 8 °C im Kolben Nr. 4 festgestellt.

Die maximale Temperatur im Feuersteg betrug 313 °C ± 6 °C (Kolben Nr. 6), minimale −275 °C ± 13 °C (Kolben Nr. 4).

Die maximale Temperatur im Ringfeld unter dem Ringträger wurde im Kolben Nr. 5 aufgezeichnet (248 °C ± 5 °C) die minimale im Kolben Nr. 4 (120 °C ± 3 °C).

Die ermittelten Temperaturwerte stimmen mit den Werten, die von anderen Autoren in ähnlichen Konstruktionslösungen und ähnlichen Kolbengrößen bestimmt wurden, überein. Die festgestellten Unterschiede zwischen den Kolbentemperaturen in einzelnen Motorzylindern können teils durch den Zustand der Einspritzpumpe (Größe der Einzelspritzmenge sowie der Ungleichmäßigkeit der Kraftstoff-Zerstäubung), teils durch ungleichmäßige Temperaturverteilung im Motor erklärt werden.

In Abb. 10 wurde eine Teilcharakteristik der Einspritzpumpe gezeigt (Zylinder 4, 5 und 6), die am untersuchten Motor montiert wurde. Aus dem Diagramm ist ersichtlich, daß bei der Pumpendrehzahl, die der Drehzahl des arbeitenden Motors entspricht, der Zylinder 5 die größte Einspritzmenge aufweist. Dadurch wird im Zylinder 5 eine größere Wärmemenge freigesetzt und der Kolben (im Brennkammerboden) erreicht höhere Temperaturen.

Die Feuerstegtemperatur ist von der Intensität der Wärmeabfuhr in die Zylinderwandung abhängig. Als entscheidend für diese Intensität erweist sich hauptsächlich das Spiel zwischen Kolben und Zylinder (gemessen in der Höhe des Brennkammerbodens), weil von dem Spiel die

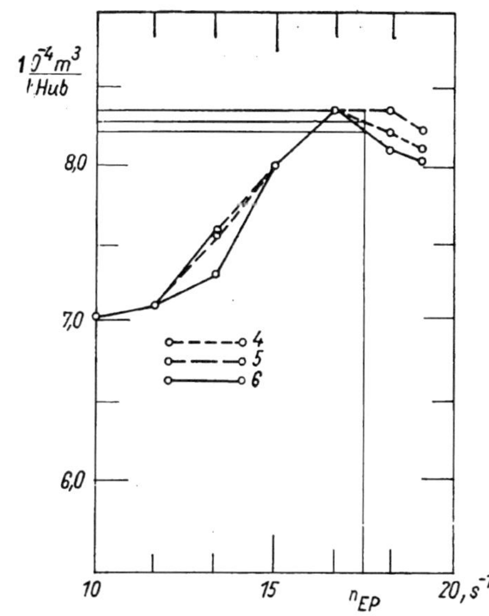

Abb. 10. Teilcharakteristik der Einspritzpumpe des geprüften Motors

Dicke der Ölkoksschicht zwischen Kolben und Zylinder abhängt.

Infolge Bildung solch einer Schicht mit entsprechender Dicke (wegen schlechter Wärmeleitfähigkeit) kann sich die Wärmeabfuhr vom Feuersteg des Kolbens in den Zylinder als unmöglich erweisen. Im Falle des Verschleißanstieges während des Motorlaufs gelangen auf die druckentlastete Seite des Kolbens zwischen Kolben und Zylinder heiße Abgase, die zusätzlich den Wärmeübergang erschweren. Die Analyse des Verschleißes im geprüften Motor in bezug auf die Zylinder 4, 5 und 6 erlaubt die Feststellung, daß Zylinder 6 die größten Formunregelmäßigkeiten in Querschnitt senkrecht zur Achse aufweist.

In Tab. 6 werden Verschleiß- und Verformungswerte der untersuchten Zylinder aufgeführt. Bild 11 zeigt die Meßergebnisse der Zylinderdurchmesser des geprüften Motors.

Tab. 6. Verschleiß und Verformungswerte der untersuchten Zylinder

Meß-stelle	Zylindernummer		
	4	5	6
	Maximale Ovalisierungswerte der Zylinder an einzelnen Meßebenen 10^{-6} m		
1	20	52	56
2	20	23	44
3	27	13	36
4	20	7	20
	Mittlere Verschleiß- und Verformungswerte im oberen Zylinderstreifen		
1	3	18	36

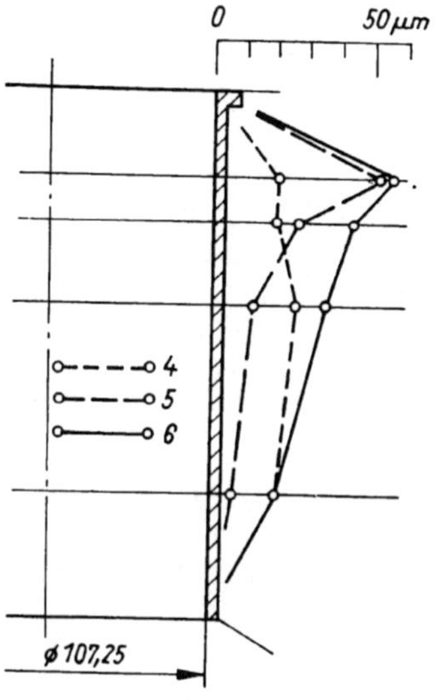

Abb. 11. Meßergebnisse des Zylinderdurchmessers am untersuchten Motor

Tab. 7. Angaben der Varianzanalyse

	Quelle	Summe der Quadrate	Freiheitsgrad	Mittleres Quadrat
(4)	Regression	0,149381	3	4,97937 E-02
	Rest	6,62496 E-03	9	7,36110 E-04
	Insgesamt	0,156006	12	
	$F = 67{,}6448$ wobei $[F(3, 9, 0{,}99)] = 6{,}99$			
	Koeffizient des relativen Anteils der Abweichung			= 0,957534
	Koeffizient der mehrdimensionalen Korrelation			= 0,978536
	Fehler der Standardabweichung			= 2,71312 E-02
(5)	Quelle	Summe der Quadrate	Freiheitsgrad	Mittleres Quadrat
	Regression	1,36308 E-03	1	1,36308 E-03
	Rest	2,54318 E-03	7	3,63312 E-04
	Insgesamt	3,90626 E-03	8	
	$F = 3{,}75181$ wobei $[F(1, 7, 0{,}95)] = 5{,}59$			
	Koeffizient des relativen Anteils der Abweichung			= 0,348947
	Korrelationskoeffizient			= 0,590718
	Fehler der Standardabweichung			= 1,90607 E-02
(6)	Quelle	Summe der Quadrate	Freiheitsgrad	Mittleres Quadrat
	Regression	5,36983 E-02	1	5,36983 E-02
	Rest	4,07538 E-03	2	2,03769 E-03
	Insgesamt	5,77737 E-02	3	
	$F = 26{,}3526$ wobei $[F(1, 2, 0, 95)] = 18{,}51$			
	Koeffizient des relativen Anteils der Abweichung			= 0,929460
	Korrelationskoeffizient			= 0,964085
	Fehler der Standardabweichung			= 4,51407 E-02

Aus dieser Abb. ist auch ersichtlich, daß in dem Teil der Zylinderwand, wo maximale Temperaturen auftreten, der Verschleiß und die Ovalisierung am Zylinder 6 am größten sind und sich von dem Verschleiß sowie von der Ovalisierung am Zylinder 5 nicht bedeutend unterscheiden. Der Verschleiß und die Ovalisierung des Zylinders 4 weichen wesentlich von denen in den Zylindern 5 und 6 ab. Wird berücksichtigt, daß die Abmessungen der in einzelnen Zylindern eingebauten Kolben in der gleichen Größenordnung waren, dann kann festgestellt werden, daß die zunehmende Erwärmung des Feuerstegs am Kolben 6 auf das intensivere Umspülen mit heißen Abgasen zurückzuführen ist, sowie auf die Möglichkeit der Bildung einer schlecht wärmeleitenden Schicht (Verkoken des Schmieröles).

Aus der Analyse der Temperaturunterschiede, die oberhalb und unterhalb des Ringträgers registriert wurden (Tab. 4 in Verbindung mit Abb. 5) ergibt sich, daß ein unterbrochener Übergangsbereich (ALFIN); im 1/3 Umfang zwischen Kolben und Ringträger die Wärmeleitfähigkeit beeinflußt, was sich als ungünstig erwies.

Der turbulente Wärmefluß im Kolben bis zu den Kolbenringen verursacht die Erhöhung des Temperaturgradienten. Das Gleichgewicht der Längsausdehnung zwischen Kolbenwerkstoff und Ringstreifen wird gestört (es wurde experimentell nachgewiesen, daß im Temperaturbereich von 230 °C bis 300 °C der lineare Ausdehnungskoeffizient des Kolbenwerkstoffs — eutektisches Silumin — sich im Bereich von $21 \cdot 10^{-6}$ bis $25 \cdot 10^{-6}$ ändern kann), was den zusätzlichen Spannungsanstieg in der Diffusionsschicht hervorruft und die Ausbreitung des Ablösens verursacht.

5. Schlußfolgerungen

1. Die dargestellte Untersuchungsmethode über die Verteilung der maximalen Temperaturen mittels des Radioisotops ^{85}Kr eignet sich für die Untersuchungen an Kolben.
2. Vorteile dieser Methode:
   - Einfachheit in der Anwendung
   - ziemlich große Genauigkeit
   - Im Falle einer Implantation des Isotops unmittelbar in den Stoff des geprüften Elementes treten keine Störungen der Wärmeströmung auf, welche bei Einführung von Thermoelementen oder anderer Meßfühler in das untersuchte Element vorkommen,
   - Möglichkeiten der Temperaturermittlung in schwer zugänglichen Bereichen,
   - Möglichkeiten der Versuchsdurchführung während der Arbeit auf dem Motorprüfstand und im Betrieb, was die Ermittlung der wahren maximalen Temperatur in untersuchten Elementen erlaubt,
   - keine kostspielige Apparatur.
3. Den Nachteil dieses Verfahrens bildet die Tatsache, daß es unmöglich ist, die Änderungen der Temperaturverteilung mit der Änderung der Motorlasten zu verfolgen, sowie ein großer Arbeitsaufwand, der bei der Bearbeitung der Meßergebnisse erforderlich ist.
4. Die erhebliche Streuung der Meßergebnisse der registrierten Temperaturen ist auf die Meßfehler zurückzuführen, die aus Eigenschaften der Kryptonat-Einlagen hervorgehen.
   - Ungenauigkeiten beim Einbau dieser Einlagen (Fehler an entsprechenden Stößen mit dem Kolbenwerkstoff)
   - Ungenauigkeiten der Temperaturmessung bei der Erwärmung im Ofen.
5. Die Anwendung des behandelten Verfahrens ergab die Übereinstimmung zwischen dem Verschleißgrad des Motors (besonders zwischen den Werten des Spiels Kolben — Zylinder), den Einstellungen der Einspritzpumpe und der Temperaturverteilung im Kolben, was zusätzlich die Richtigkeit des Verfahrens bestätigt.
6. Ein ungünstiger Einfluß des Ablösens des Ringträgers vom ersten Kolbenring auf die Wärmeleitung vom Kolbenboden zu den Kolbenringen wurde festgestellt.

Eingegangen am 26. 9. 1979

Literatur

[1] *D. Chleck, R. Maehl, O. Cucchiara, E. Carnevale,* Radioactive kryptonates — I Preparation — Properties-Applications, Applied Radiation and Isotopes. Vol. 14 Nos. II/12 (1963) 581

[2] *J. P. Ury,* Isotopenpraxis 7 (1971) H. 7

[3] *Z. Banasik, M. Machel,* Badanie temperatury współpracy elementów maszyn metodą kryptonatów. Technika smarownicza VII (1976) Nr. 5/6, 129

Vergleich verschiedener Varianten des Schichtenteilungsverfahrens zur Bestimmung von Diffusionskoeffizienten

A. Wyrzykowska, A. Lutze-Birk, L. Waliś

(Institut für Kernforschung, Warszawa, VR Polen)[1])

Das Schichtenteilungsverfahren mit Messungen der Aktivität abgetragener Schichten und der Probenrestaktivität wurde an Beispielen vieler Diffusionsuntersuchungen unter Anwendung verschiedener Radioisotope geprüft. Bestimmung der Diffusionskoeffizienten und Fehleranalyse wurden zur Prüfung der Zuverlässigkeit gewonnener Ergebnisse ausgenützt. Vergleiche der Experimente mit verschiedenen Diffusionsquellen und Auswertungsmethoden zeigen, daß unter Beachtung entsprechender Auswertungsbedingungen eine Restaktivitätsmessung ebensogut wie das Schichtenteilungsverfahren mit Messung abgetragener Schichten zur Bestimmung von Diffusionskoeffizienten angewendet werden kann.

(B12) INIS DESCRIPTORS:

accuracy; bismuth 210; carbon 14; chromium 51; comparative evaluations; depth; diffusion; errors; layers; silver 110; spatial distributions; tracer techniques; zinc 65

1. Einleitung

Diffusionsuntersuchungen werden überwiegend mit Hilfe radioaktiver Tracer durchgeführt. Das Prinzip der experimentellen Untersuchung besteht in der Bestimmung der Verteilung eines markierten Elements in Richtung des Diffusionsweges. Aus dieser Verteilung wird dann der Diffusionskoeffizient berechnet. Eine sehr oft angewandte experimentelle Arbeitstechnik ist das sog. Schichtenteilungsverfahren, wobei es zwei meßtechnische Hauptvarianten gibt:

- Aktivitätsmessung der abgetragenen Schichten,
- Messung der Restaktivität einer Probe nach jeder Schichtabtragung.

In Abhängigkeit vom Verhalten der Diffusionsquelle während des Diffusionsprozesses werden auch zwei grundsätzliche Untersuchungssysteme unterschieden, nämlich Systeme mit einer konstanten und einer veränderlichen Diffusionsquelle. Diesen präzisen Begriffen entsprechen die oft angewandten Umgangstermini „dicke“ und „dünne“ Diffusionsquelle. In praktischen Fällen ist es oft schwer nachzuweisen, welche Art Diffusionsquelle tatsächlich angewandt wurde. Dünne (bis ca. 5 μm) aufgedampfte oder elektrolytisch aufgetragene Schichten gelten üblicherweise als erschöpfliche, also veränderliche Diffusionsquellen; Pulver- oder Gasquellen werden dagegen als unerschöpflich, d. h. als konstant betrachtet (wobei aber oft eine Unsicherheit besteht).

Die Verteilung der Konzentration c eines diffundierenden Elementes entlang des Diffusionsweges x wird nach Lösungen des II. *Fick*schen Gesetzes mit folgenden Gleichungen beschrieben:

für eine veränderliche Diffusionsquelle:

$$c = \text{const} \cdot \exp\left(-\frac{x^2}{4Dt}\right) \qquad (1)$$

für eine konstante Diffusionsquelle:

$$c = \text{const} \cdot \text{erf}\, c(z)\,; \qquad z = \frac{x}{\sqrt{Dt}} \qquad (2)$$

wobei: D = Diffusionskoeffizient; t = Zeit.

[1]) **Anschrift: 03-195 Warszawa, Dorodna 16, VR Polen**

Bei einem Schichtenteilungsverfahren mit Messungen der abgetragenen Schichten ist eine Auswertung der Meßergebnisse sehr einfach. Man nimmt an, daß die gemessenen Impulsraten J den Konzentrationen c des markierten Elementes in den abgetragenen Schichten proportional sind [1–3]. Um den Diffusionskoeffizienten zu bestimmen, genügt es, eine Gerade in den Koordinaten lg J gegen x^2 zu zeichnen und aus deren Neigung den D-Wert zu berechnen.

Im Falle von Messungen der Restaktivitäten nach Abtragung von Schichten wird die Auswertung der Meßdaten viel schwerer. Hier ist eine von *Gruzin* [4] empfohlene Methode üblich, die in Abhängigkeit von Art und Energie der Strahlung 3 Auswertungsvarianten hat:

1. Wird vom radioaktiven Isotop eine im Diffusionsmilieu leicht absorbierbare Strahlung ausgestrahlt, wie z. B. α-, niederenergetische (bis ca. 0,3 MeV), β- oder XK_α-Strahlung, so darf in erster Näherung angenommen werden, daß die gemessenen Impulsraten den Konzentrationen des Radioisotops an jedem Probenquerschnitt proportional sind und das oben beschriebene Verfahren (für Messungen von abgetragenen Schichten) verwendet werden kann.
2. Wird die Strahlung sehr wenig absorbiert (was z. B. bei γ-Strahlung oberhalb 0,5 MeV anzunehmen ist), so kann angenommen werden, daß die integrale Aktivität der Probe gemessen wurde. Dabei auftretende Fehler sind wegen einer geringen Reichweite des hineindiffundierten Isotops und eines starken Konzentrationsgradienten im Diffusionsmilieu zu vernachlässigen. Man berechnet die Impulsratengradienten $\frac{\Delta J}{\Delta x}$ aus je zwei Restimpulsraten ΔJ, zwischen deren Messung eine Schicht der Dicke Δx abgetragen wurde und zeichnet eine Gerade in den Koordinaten lg $\Delta J/\Delta x$ gegen x^2, aus deren Neigung der Diffusionskoeffizient ermittelt wird.
3. Für alle den Fällen 1 und 2 nicht entsprechenden Strahlungsarten wird von *Gruzin* eine „gemischte“ Gleichung vorgeschlagen:

$$\lg\left[\mu J + \frac{\Delta J}{\Delta x}\right] = f(x^2)\,, \qquad (3)$$

μ = linearer Absorptionskoeffizient, cm^{-1}.

Tab. 1. Materialien, Vorbereitung und Diffusionsglühung

Diffusionsmilieu				Diffusionsquelle			Diffusionsglühung			Bemerkungen
Stoff		Reinheit %	Schmelzpunkt, °C	Art	Radioisotop	Spez. Aktivität mCi/g	Temp. °C	Zeit h	Atmosphäre, Druck Torr	
Ni	Polykristall	99,99	1455	Pulver: $BaCO_3$ bis 25%, Holzkohle bis 75%	^{14}C	≈ 100	1100 ± 15	6	Reduktionsatmosphäre	In einem hermetischen Kasten
Cu	Einkristall ⟨111⟩		1084	Bi-Metall eingedampft, Dicke 0,15 bis 0,50 µm, Schutzschicht SiO	^{210}Bi	≈ 10	450 ± 7	1	≈ 10^{-4}	Cu-Vorbereitung: Glühung, 750 °C, 5 h, $p = 10^{-4}$ Torr
	Polykristall	M1 nach PN/H-82 120 Bi < 5 ppm								
Zn	Polykristall	99,9	419	Zn-Metall, eingedampft, Dicke ca. 0,5 µm	^{65}Zn	≈ 10	220 ± 2	24	≈ 10^{-4}	Zn-Vorbereitung: Schmelzen: > 450 °C, 0,5 h Glühung, $p = 10^{-4}$ Torr, Gießen unter Vakuum
Al	Einkristall ⟨111⟩		659	Ag-Metall, eingedampft, Dicke ca. 0,5 µm	^{110m}Ag	≈ 10	450 ± 7 und 280 ± 4	3	≈ 10^{-4}	–
	Polykristall	99,99								
Fe Armco	Polykristall	0,045% C	1530	Cr als elektrolytisch abgeschiedene Schicht, Cr-Pulver, $CrCl_2$ Gasatmosphäre mit Ar	^{51}Cr	0,5 bis 1	1050	0,5; 6	je nach Verfahrenstechnik [9, 10]	Homogenisierungsglühung 6 h, 1150 °C
Stahl „45“		nach PN/H-84 019 0,44% C			^{51}Cr	0,5 bis 1	1050	0,5; 6		

Untersuchungen von *Radwan* und *Lutze-Birk* [6] haben gezeigt, daß das *Gruzin*sche Verfahren für die β-Strahlung fraglich ist, soweit eine Absorption dieser Strahlung im Probenmaterial in Betracht kommt. Der Grund für die Abweichungen sind wahrscheinlich der korpuskulare Charakter und das komplizierte Spektrum dieser Strahlung.

Es soll hier bemerkt werden, daß diese Auswertungsmethode praktisch nur für eine bestimmte Diffusionsart und nur für erschöpfbare Diffusionsquellen zu empfehlen ist.

Bei den unerschöpflichen („dicken") Diffusionsquellen ist oft die Gleichung (2) unmittelbar anwendbar, besonders wenn es um das Schichtenteilungsverfahren mit Messungen abgetragener Schichten oder auch mit Messungen der Restaktivität bei niederenergetischer β- und *X*-Strahlung geht. In solchen Fällen gilt wieder eine Proportionalität der Impulsrate zu den Konzentrationswerten. Kompliziertere Fälle wurden z. B. von *Borisov*, *Golikov* und *Sctscherbiedinski* [5] diskutiert.

Eine ausführliche Diskussion der mathematischen Grundlagen der oben kurz behandelten Probleme liegt in der Fachliteratur [1–7] vor.

Die für die genannten Auswertungsverfahren angenommenen Voraussetzungen wurden nur wenig durch praktische Untersuchungen geprüft. So liegen, obwohl eine Unmenge von Diffusionsuntersuchungen gemacht wurden, keine Veröffentlichungen vor, die z. B. nach verschiedenen Varianten des Schichtenteilungsverfahrens durchgeführte Bestimmungen des Diffusionskoeffizientes D vergleichend beschreiben. Die von verschiedenen Autoren angegebenen D-Zahlenwerte sind oft sehr unterschiedlich. Es soll auch bemerkt werden, daß die in der Literatur angegebenen Fehlerwerte $\pm \Delta D$ nur den Verfahrensfehlern entsprechen; der mit der Temperaturabhängigkeit von D und mit den Temperaturschwankungen verbundene Fehler wird nicht angegeben.

Wir beabsichtigten mit der vorliegenden Arbeit, die praktische Bedeutung der oben kurz dargestellten Auswertungsverfahren auf Grund von Vergleichsuntersuchungen nachzuprüfen. Dabei sollten verschiedene Radioisotope mit unterschiedlicher Strahlung sowie verschiedene (elektrolytische, aufgedampfte, gas- und pulverförmige) Diffusionsquellen angewandt werden.

2. Materialien und Experimente

Die bei den Untersuchungen angewandten Materialien der Diffusionsquellen und Diffusionsmilieus wurden in Tab. 1 zusammengestellt. Alle Diffusionsproben wurden unmittelbar vor dem Experiment mit Hilfe eines Mikrotoms (Typ KM, Firma R. Jung) planparallel geschnitten. Die Stirnseiten der Diffusionsproben wurden mit den Diffusionsquellen bedeckt; die angewandten Materialien (Bi, Zn, Ag, Cr) wiesen eine relativ große Reinheit (bis 99,99%) auf. Das Aufbringen erschöpflicher Diffusionsquellen erfolgte durch Aufdampfen oder elektrolytische Abscheidung; die Dicke dieser Schichten betrug 0,15 bis 0,50 μm. In einzelnen Fällen (bei niedrigschmelzenden Stoffen) wurden die Diffusionsquellen zusätzlich mit Schutzschichten von SiO bedeckt. Die zur Herstellung der Diffusionsquellen angewandten Metalle wurden radioaktiv markiert; die spezifischen Aktivitäten lagen um 10 mCi/g.

„Unerschöpfliche" Diffusionsquellen wurden in Form von Pulver- und Gasquellen präpariert. Eine Kohlenstoffdiffusionsquelle (für Experimente mit Nickel) wurde aus einer bekannten Mischung von $Ba^{14}CO_3 + C$ (1:3) [8] vorbereitet. Chromquellen als Pulver und Gasmischungen für Armco-Eisen und Stahl 45 mit mittlerem C-Gehalt wurden wie für das Einchromieren des Stahls mit dem Radioisotop ^{51}Cr vorbereitet und angewandt [9, 10].

Die in Tab. 1 zusammengestellten Diffusionssysteme wurden bewußt so ausgewählt, daß verschiedene Grenzfälle von Diffusionsprozessen (Selbstdiffusion, Gitterdiffusion, Korngrenzendiffusion, begrenzte und unbebrenzte Lösbarkeit) in den Experimenten auftreten. Manche von diesen Diffusionssystemen wurden von uns schon eher untersucht. Die Verteilung und Diffusion der Bi-Verunreinigungen im Kupfer wurden in Zusammenhang mit der Sprödigkeit des technischen Kupfers M1 untersucht [11]; Silber wurde in Aluminium zwecks Markieren von Versetzungen angewandt; das Inchromieren von Stählen unter Anwendung verschiedener Chromquellen (Cr-, FeCr-Pulver und chromhaltige Gasatmosphäre) ist seit langem Thema vieler Forschungen [9, 10].

Die Bedingungen der Diffusionsglühung wurden in Tab. 1 dargestellt. Im allgemeinen wurde beachtet, daß

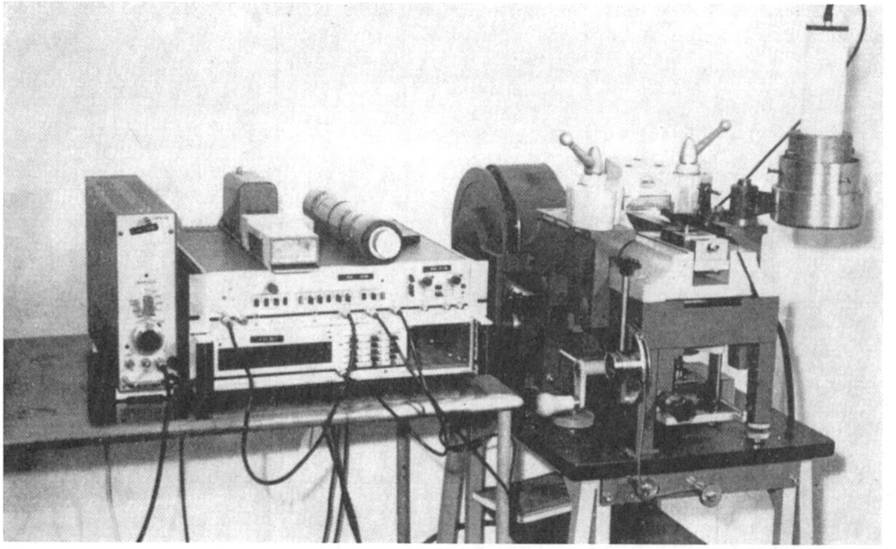

Abb. 1. Mikrotom KM mit Meßanordnung zur Messung der Restaktivitäten und der Aktivitäten abgetragener Schichten

Tab. 2. Diffusionssysteme und Meßprinzipien

Diffusionssystem		Radioisotop	Strahlung			Messungen	
Milieu	Quelle		β^-, E_{max}, keV	γ MeV	andere	Strahlung	Meßschema Abb.-Nr.
Ni	$BaCO_3$	^{14}C	155	–	–	β	2a
Cu	Bi	^{210}Bi	1170		Bremsstrahlung nach β-X-Anregung	X-Bremsstrahlung $E > 200$ keV für Restaktivität und β-Strahlung für abgetragene Schichten	2c 2a
Zn	Zn	^{65}Zn	325 (2,5%)	1,118	X 8,05 keV (97%)		2a
Al	Ag	^{110m}Ag	88 (55%) 520 (33%)	0,1 bis 1,51 zahlreiche Energien	–	$\gamma > 0,7$ MeV	2b
Fe Armco	Cr (Pulver) oder $CrCl_2$ Gas	^{51}Cr	–	0,395 (8%)	X 4,95 keV	X 34,95 keV	2d
Stahl „45“	Cr (Pulver) oder $CrCl_2$ Gas	^{51}Cr	–	0,395 (8%)	X 4,95 keV	X 4,95 keV	2d

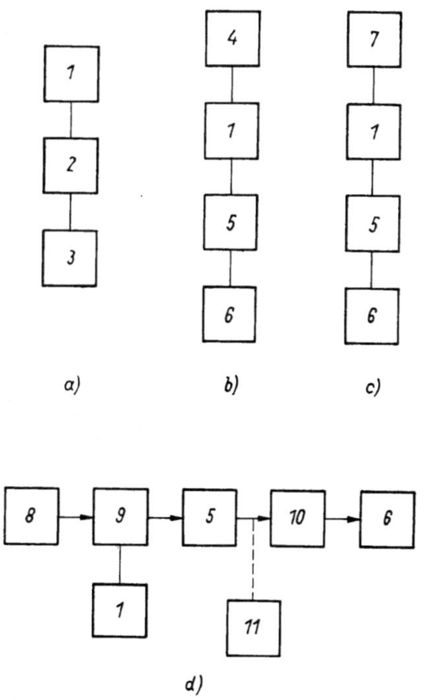

Abb. 2. Blockschema von Meßanordnungen zur Bestimmung von Aktivitäten verschiedener Strahlungsarten

a – β-Messung; b – γ-Messung; c – Bremsstrahlungsmessung; d – XK_α-Messung; 1 – Hochspannungsquelle ZWN-1A, Polon; 2 – G-M-Zähler, Typ 18536/01, Philips; 3 – Impulszähler PT-72, Polon; 4 – NaJ(Tl)-Sonde; 5 – Linearverstärker WL-41, Standard 70, Polon; 6 – Impulszähler P-44, Standard 70, Polon; 7 – Szintillationssonde Harshaw; 8 – Proportionalzähler mit Ar-Gasfüllung; 9 – Vorverstärker PNLP-70, Polon; 10 – Einkanalanalysator A21, Polon; 11 – Vielkanalanalysator DIDAC 800

zwischen Diffusionstemperatur und Zimmertemperatur keine Phasenumwandlungen geschehen.

Die nach der Diffusionsglühung gewonnenen Proben wurden zum Schichtenteilungsverfahren (mit dem Mirkotom) eingesetzt. Die in Pulvern oder Gasatmosphäre bearbeiteten Proben wurden zuvor abgedreht, um die Effekte der Seitendiffusion auszuschließen.

Das Schichtenteilungsverfahren wurde mit der Schicht- sowie auch der Restaktivitätsmessung kombiniert; das Mikrotom mit der Meßanlage ist in Abb. 1 dargestellt. Von Art und Energie der Strahlung abhängig (s. Tab. 2) wurden verschiedene Meßgeräte angewandt; Blockschemata für die β, γ, X-Bremsstrahlung und XK_α-Strahlung wurden in Abb. 2a, b, c, d dargestellt.

Die Auswertung der Meßergebnisse wurde nach den schon dargestellten Methoden durchgeführt. Weiche β-Strahlung des Radioisotops ^{14}C und XK_α-Strahlung des Radioisotops ^{51}Cr wurden als gut absorbierbare Strahlung nach dem *Gruzin*-Verfahren Nr. 1 betrachtet. Die gleiche Auswertung, trotz relativ großer β-Strahlungsenergie ($E_{\beta\,max}$ von 325 keV) wurde für die Experimente mit ^{51}Zn-Radioisotop verwendet. Für die γ-Strahlung des ^{110m}Ag-Radioisotops und die mit ^{210}Bi-β-Teilchen im Kupfer angeregte Bremsstrahlung wurde die Auswertung nach dem Verfahren 2 ausgewählt. Alle Experimente mit unerschöpflichen Diffusionsquellen wurden unter Anwendung von Radioisotopen durchgeführt, die eine gut absorbierbare β(^{14}C)- oder X(^{51}Cr)-Strahlung aussenden. Deshalb durfte man zur Auswertung der Meßergebnisse unmittelbar die Gleichung (2) verwenden.

Zur Berechnung von Diffusionskoeffizienten und Verfahrensfehlern (für eine Wahrscheinlichkeit von 95%) wurde eine programmierte Rechenmaschine angewandt. Zusätzlich wurden die mit den Glühtemperaturschwankungen verbundenen Fehler näherungsweise nach der *Arrhenius*-Gleichung bestimmt; dazu wurden entsprechende Aktivierungsenergiewerte aus der Literatur genommen. Das gesamte Verfahren wurde in der Arbeit [12] detailliert beschrieben.

3. Untersuchungsergebnisse und Diskussion

Ergebnisse aller Auswertungen wurden in den Abb. 3 und Abb. 4a, b graphisch zusammengestellt. Es wurden Zahlenwerte von Diffusionskoeffizienten D, Verfahrensfehlern $\pm \Delta D$ und Temperaturfehlern $\pm \Delta D(T)$ angegeben.

Es wurde festgestellt, daß von der Meßvariante unabhängig innerhalb der Fehlergrenzen gleiche D-Werte gewonnen werden. Auch die Fehlerwerte $\pm \Delta D$ zeigen keine Unterschiede für die Verfahren. Man kann behaupten, daß bei gut gewählter Auswertungsvariante beide experimentellen Methoden — Messung abgetragener Schichten und Messung der Restaktivitäten — zum gleichen Erfolg führen.

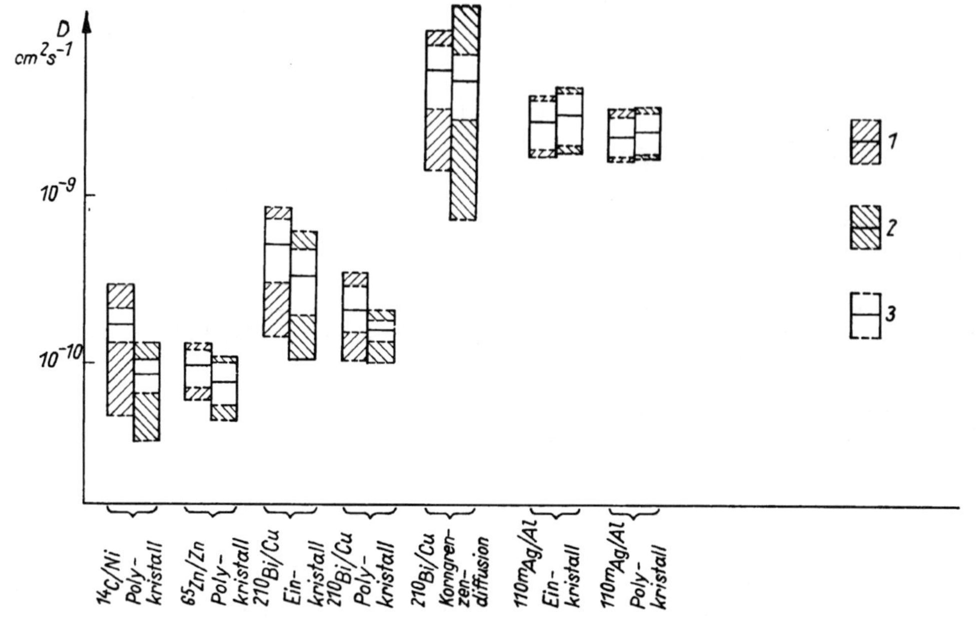

Abb. 3. Diffusionskoeffizienten und Bestimmungsfehler

1 — Messung abgetragener Schichten, $\pm \Delta D$-Werte; 2 — Messung der Restaktivitäten, $\pm \Delta D$-Werte; 3 — $\pm \Delta D(T)$-Fehler
Temperaturen siehe Tab. 1

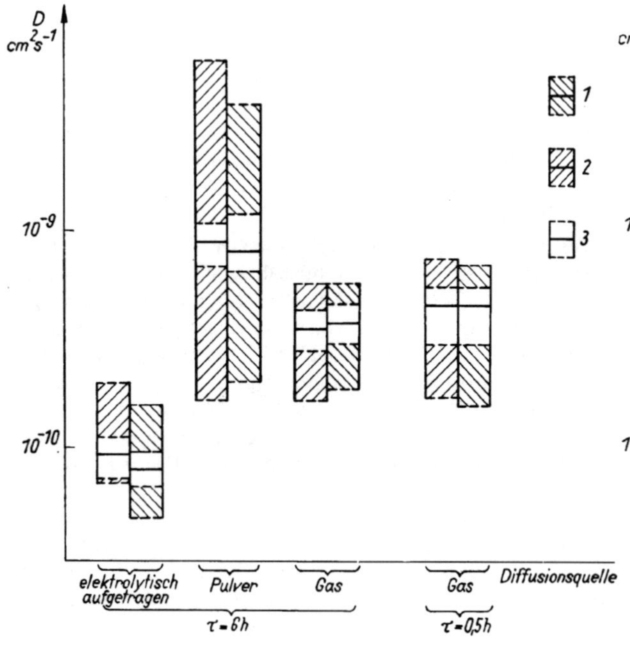

4a

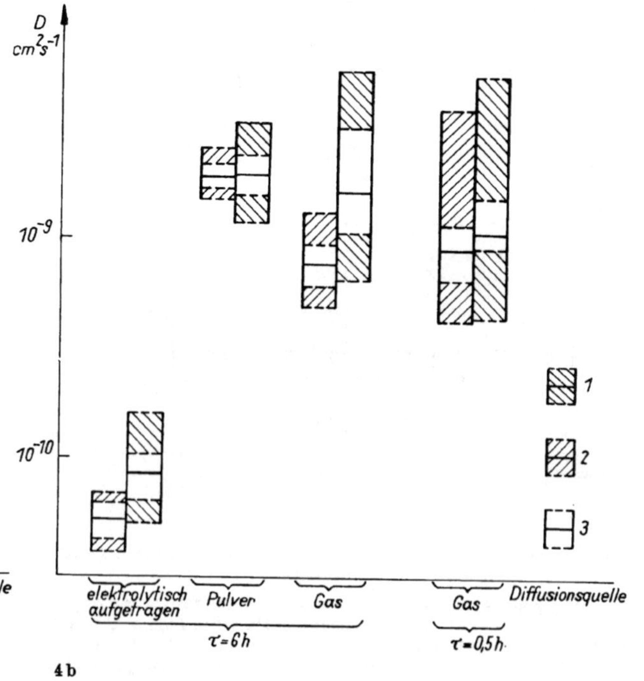

4b

Abb. 4. Diffusion des Chroms (^{51}Cr) in Armco-Eisen (a) und in Stahl „45" (b)

1, 2, 3 — wie Abb. 3
Temperaturen siehe Tab. 1

Parallel durchgeführte Untersuchungen von mono- und polykristallinen Kupfer- und Aluminiumproben haben ebenfalls eine Übereinstimmung (im Rahmen der Fehlergrenzen) der Diffusionskoeffizientwerte gezeigt.

Das Schichtenteilungsverfahren mit von *Gruzin* [4] vorgeschlagenen Auswertungsmethoden führt allgemein zu D-Werten mit kleinen $\pm \Delta D$-Fehlern (oft unter $\pm 10\%$), was ein sehr gutes Ergebnis ist (in der Literatur werden oft $\pm 30\%$ angegeben).

Die Verwendung von verschiedenen Diffusionsquellen (erschöpflichen und unerschöpflichen) ergibt keine wesentlichen Unterschiede für die Diffusionskoeffizienten, wie am Beispiel des Systems Fe—Cr(^{51}Cr) geprüft wurde. Im Falle einer elektrolytisch gewonnenen dünnen Cr-Diffusionsquelle sind zwar merkliche Unterschiede zu finden; sie lassen sich aber mit einer großen Inhomogenität der Quelldicke (Randeffekt bei der Metallabscheidung) erklären. Es steht fest, daß Pulver- wie auch Gasquelle des Chroms als unerschöpfliche Diffusionsquellen betrachtet werden dürfen. Diese Untersuchungen, wie auch Experimente mit dem System Ni—C (^{14}C) haben aber gezeigt, daß die Anwendung solcher Diffusionsquellen zu viel größeren Fehlern führt, als es bei den erschöpflichen, dünnen elektrolytisch aufgetragenen oder im Vakuum aufgedampften Quellen der Fall ist. Wenn die Bestimmung eines Diffusionskoeffizienten ein Ziel des Experimentes ist, sollten möglichst dünne (erschöpfliche) Diffusionsquellen angewandt werden.

Die auftretenden Fehler der Bestimmung von Diffusionskoeffizienten betragen im allgemeinen:

- Fehler des Schichtenteilungsverfahrens und der Auswertung $\pm \Delta D$: ± 3 bis 50% (oft unter $\pm 10\%$)
- Fehler der Temperaturmessung und -stabilität $\pm \Delta D(T)$: ± 20 bis 50%
- Gesamtfehler ± 30 bis 80%

Es wird klar, daß die Zuverlässigkeit von bestimmten D-Werten sehr von der genauen Messung und Konstanthaltung der Temperatur einer Diffusionsglühung abhängt. Dieser Fehler wird leider bei den in der Literatur veröffentlichten Ergebnissen im allgemeinen nicht angegeben, was zu großen Unterschieden beim Vergleich verschiedener Arbeiten führt.

Dagegen lassen sich die Untersuchungsergebnisse für die unter gleichen Bedingungen (d. h. innerhalb einer Versuchsreihe) bearbeiteteten Diffusionsproben gut vergleichen. In unseren Experimenten wurden alle Proben zum Vergleich von Meßvarianten, wie auch alle mono- und polykristallinen Proben im Diffusionsversuch gleichen Bedingungen ausgesetzt. Deshalb muß der Temperaturfehler hier nicht weiter diskutiert werden.

In einem Fall (System Cu—Bi^{210}/Bi) wurde ein Versuch unternommen, nicht nur den Volumendiffusionskoeffizienten, sondern auch den Korngrenzendiffusionskoeffizienten zu bestimmen. Wegen zu geringer Aktivität des Radioisotops und demzufolge kleiner Impulsrate in größerer Probentiefe waren die Ergebnisse leider mit einem sehr großen Fehler behaftet. Um zuverlässigere Ergebnisse zu erhalten, sollte man die spezifische Aktivität um eine Größenordnung höher wählen.

Ein praktisch wichtiges Ergebnis ist, daß man das Schichtenteilungsverfahren mit Restaktivitätsmessung zur Bestimmung von Diffusionskoeffizienten verwenden darf, wenn Messungen abgetragener Schichten schwer oder unmöglich werden, was in der Laborpraxis oft der Fall ist.

Eingegangen am 29. 8. 1979

Literatur

[1] *A. Lutze-Birk*, Dyfuzja w metalach i stopach, PTJ, Nr. 64 (530), Warszawa 1972

[2] *A. A. Zhoukhovitzky*, Int. J. of Appl. Rad. a. Isotopes 5 (1959) 159

[3] *C. Legmonie, P. Lacombe*, Int. J. of Appl. Rad. a Isotopes, 5 (1959) 175

[4] *P. L. Gruzin*, DAN SSSR 86 (1952) 289

[5] *W. T. Borisov, M. W. Golikov, G. W. Schtscherbiedinski*, Zaw. Lab. Nr. 9 (1959) 1070

[6] *M. Radwan, A. Lutze-Birk*, Int. J. of Appl. Rad. a. Isotopes, 22 (1971) 561

[7] *J. Żmija*, Radioizotopowe metody badania dyfuzij w metalach, PTJ, Nr. 39 (307), Warszawa 1967

[8] *Z. Wendorff*, Metaloznawstwo, WNT, Warszawa 1976

[9] *L. Waliś, A. Lutze-Birk, J. Kaczor, J. Tacikowski*, Metaloznawstwo i Obróbka Cieplna, Nr. 32 (1978) 13

[10] *J. Tacikowski, T. Sobusiak*, Biul. IMP, 14 (1968) 16

[11] *J. Grošel, M. Radwan*, Isotopenpraxis, 7 (1971) 449

[12] *A. B. Wyrzykowska*, Diplomarbeit, Politechnika Warszawska, Warszawa 1976

Anwendung kurzlebiger Nuklide bei der zerstörungsfreien Neutronenaktivierungsanalyse in Sonderwerkstoffen

U. Herrmann[1]), *W. Görner*[2])

[1]) Zentralinstitut für Festkörperphysik und Werkstofforschung der AdW der DDR, Dresden
[2]) Zentralinstitut für Kernforschung der AdW der DDR, Rossendorf

Es wird über die Anwendung kurzlebiger Nuklide bei der zerstörungsfreien Neutronenaktivierungsanalyse von Al, V, Cu und Nb in Sonderwerkstoffen berichtet. Dabei werden besonders die Fehlereinflüsse diskutiert, die das Analysenergebnis beeinflussen. Als relative Gesamtstandardabweichung des Verfahrens wurde der Wert 0,014 erreicht, wenn der Beitrag der Zählstatistik < 1 rel.-% gehalten werden konnte.

(B11) INIS DESCRIPTORS:

accuracy; aluminium; copper; errors; iron base alloys; neutron activation analysis; niobium; niobium base alloys; nondestructive analysis; permalloy; tungsten carbides; vanadium; vanadium silicides

Einleitung

Die zerstörungsfreie Aktivierungsanalyse wird zur Haupt- und Nebenbestandteilsbestimmung in Sonderwerkstoffen für die Festkörper- und Werkstofforschung besonders dann vorteilhaft eingesetzt, wenn keine oder nur sehr aufwendige chemische Verfahren vorhanden sind bzw. nur geringe Substanzmengen zur Verfügung stehen. Zur Erweiterung der aktivierungsanalytischen Möglichkeiten war es das Ziel, neben langlebigen Nukliden ($t_{1/2} > 2$ h) auch kurzlebige einzusetzen. Beispiele dafür sind die Bestimmungen von Al und Cu in Supraleiterlegierungen auf Nb-Basis, V in Hartmetallen auf WC-Basis, in intermetallischen Verbindungen (V_3Si), in Oxiden (z. B. Ga_2O_3) sowie Nb in Permalloy und Eisen-Basislegierungen. Einen Überblick über die dafür genutzten Kernreaktionen gibt Tab. 1.

Tab. 1. Kernreaktionen zur Al-, V-, Cu- und Nb-Bestimmung

Element	Reaktion	Halbwertszeit
Al	$^{27}Al(n, \gamma)^{28}Al$	2,31 min
V	$^{51}V(n, \gamma)^{52}V$	4,75 min
Cu	$^{65}Cu(n, \gamma)^{66}Cu$	5,10 min
Nb	$^{93}Nb(n, \gamma)^{94m}Nb$	6,29 min

Bei der Bestimmung von Hauptbestandteilen werden in den Systemen relative Analysenfehler $s \leq 1\%$ gefordert, um eindeutige Korrelationen zweichen chemischer Zusammensetzung, Struktur und Eigenschaften der untersuchten Materialien bestimmen zu können. Deshalb mußten die Fehler der einzelnen Analysnschritte eingeschätzt und durch geeignete Maßnahmen minimiert werden.

Experimentelles

Zur Aktivierung wurden jeweils ca. 30 mg Probenmaterial (Späne, Kristalle, Pulver) und Standardsubstanz in kleinen Graphitbehältnissen [1] konfektioniert. Als Standards wurden Metalle oder mit Spektralkohle gemischte Metalloxide eingesetzt. Mit Hilfe der Rohrpostanlage des Rossendorfer Forschungsreaktors wurden jeweils eine Probe und ein Standard dicht benachbart bei einem thermischen Neutronenfluß von ca. $5 \cdot 10^{13}\ s^{-1}\ cm^{-2}$ und einer Bestrahlungsdauer im Bereich von 1 bis 60 s (Tab. 2) aktiviert.

Tab. 2. Ermittelte relative Gesamtstandardabweichungen für Einzelbestimmungen von Al, Cu, V und Nb

Element	Matrix	Gehalt in Masse-%	Bestrahlungsdauer in s	s/ %
Al	Nb_3Al	1 ... 10	2	1,4
	Nb_3AlGe	1 ... 10	2	1,4
	Nb_3AlCu	1 ... 10	2	1,4
Cu	Nb_3SnCu	1 ... 10	15	1,8
	Nb_3AlCu	1 ... 10	30	2 ... 6*)
V	V_3Si	ca. 85	1	1,4
	Ga_2O_3	0,5 ... 5	5	1,8
	WC-Co-V	0,04 ... 0,6	5	2 ... 6*)
Nb	Permalloy	ca. 3	60	8
	Fe	0,03 ... 0,1	60	6 ... 15*)

*) Bei diesen Fällen ändert sich der Fehlerbeitrag der Zählstatistik stark mit der Probenzusammensetzung. In Abhängigkeit von diesem Beitrag ergibt sich für die Gesamtstandardabweichung der angegebene Bereich.

Die Aufnahme der γ-Spektren von Probe und Standard erfolgte nacheinander mit Ge(Li)-Detektor und Vielkanalanalysator. Als Meßdauer wurden 1 bis 3 Halbwertszeiten gewählt, wobei Totzeit und Zerfall automatisch korrigiert wurden [2].

Die Inhalte der interessierenden Photopeaks wurden durch automatische Summation in geeigneten Peak- und Untergrundfenstern am Spektrometer ermittelt.

Die Gesamtdauer für eine Elementbestimmung betrug 5 bis 20 min.

Anschriften: [1]) 8027 Dresden, Postfach; [2]) 8051 Dresden, Postfach 19

Diskussion der Ergebnisse

Um einen möglichst kleinen Analysenfehler zu erreichen, wurde folgender Weg beschritten:

– Um den Aktivierungsfehler infolge Inhomogenitäten des Neutronenflusses gering zu halten, wurden Proben und Standards im kleinstmöglichen Abstand (0,5 cm) angeordnet. Bei den Flußgradienten im Bestrahlungsbehältnis von vertikal 1%/cm und radial 1,4%/cm ergibt sich ein Fehlerbeitrag von 0,5 ... 0,7% rel.

– Um Aufstockungsverluste möglichst gering zu halten, wurde als Gesamtimpulsrate maximal 8000 s^{-1} bei einer Gaußformungszeit von 1 μs benutzt. Die Menge des Standards wurde so festgelegt, daß er bei der Messung etwa die gleiche Gesamtimpulsrate lieferte wie die Probe. Dadurch wurden impulsratenabhängige, systematische Meßfehler minimiert.

– Die Funktion des Tot-Abkling-Korrektors wurde für jede Meßserie überprüft. Korrekturfehler wurden $< 1\%$ rel. ermittelt.

– Die Bestrahlungsdauer wurde so gewählt, daß die Messung bei einem Probe-Detektor-Abstand von ca. 20 cm durchgeführt werden kann. Die aus Geometrieänderungen resultierende Photoeffektivitätsänderung beträgt bei diesem Abstand ca. 0,9%/mm, so daß geringe Änderungen der Meßposition bis zu 0,5 mm einen Fehlerbeitrag $< 0{,}5\%$ rel. verursachten.

  Bei der Nb-Bestimmung muß auf Grund der bei 1 min Aktivierung erhaltenen Aktivität ein geringerer Abstand gewählt werden (ca. 5 cm, rel. Effektivitätsänderung 3%/mm).

– Die beschriebenen Aktivierungs- und Meßbedingungen wurden immer unter dem Gesichtspunkt festgelegt, in der zur Messung zur Verfügung stehenden Zeit eine möglichst große Zahl von Impulsen im Photopeak zu speichern, um den aus der statistischen Schwankung resultierenden Beitrag zur Gesamtstandardabweichung $< 1\%$ zu halten. Bei einigen Systemen verursacht die Matrix jedoch ein ungünstiges Peak-Untergrund-Verhältnis und folglich größere Streuungen der Peakflächen. So wurde die erreichbare Präzision der Bestimmung von Cu in Nb_3 AlCu durch Al, von Nb in Permalloy durch Mn und von Nb in Fe durch verschiedene Verunreinigungen verringert. Dabei konnten die Ergebnisse auch durch Aktivierung in einer Cd-umhüllten Position nicht wesentlich verbessert werden.

Die Gesamtstandardabweichung kann nach den Gesetzen der Fehlerfortpflanzung aus den angeführten Beiträgen abgeschätzt werden. Wenn man für die einzelnen Beiträge Aktivierungsfehler 0,6%, Totzeit-Abkling-Korrektur 0,6%, Aufstockungsverluste 0,5%, Meßgeometrie 0,5% und Zählstatistik 0,9% ansetzt ergibt sich für die relative Gesamtstandardabweichung ein Wert von 1,4%. Aus den Ergebnissen von jeweils 10 V-Bestimmungen in drei verschiedenen V_3Si-Proben sowie aus Mehrfachbestimmungen von Al in Nb_3Al wurde die relative Standardabweichung für Einzelbestimmung ebenfalls mit 1,4% ermittelt. Fehler $\leqq 1\%$ lassen sich somit durch Mehrfachbestimmung erreichen, wenn der Beitrag der Zählstatistik $< 1\%$ gehalten werden kann. Die für die durchgeführten Analysen ermittelten Gesamtstandardabweichungen sind in Tab. 2 zusammengestellt. Für einige Bestimmungen konnten nur erheblich schlechtere Werte erreicht werden als oben angeführt wurden. Die Hauptursache ist in diesen Fällen ein bedeutend höherer Beitrag der erreichbaren Zählstatistik. Aber auch in diesen Fällen lieferte die Aktivierungsanalyse brauchbare Ergebnisse, da keine anderen Bestimmungsverfahren zugänglich waren. Bei einigen Proben wurden aus Mehrfachbestimmungen teilweise höhere Gesamtstandardabweichungen ermittelt, als in Tab. 2 angegeben wurden (z. B. bei Al-Best. in Nb_3Al und V-Best. in Ga_2O_3). In diesen Fällen lassen die höheren Werte auf Probeninhomogenitäten schließen.

Die diskutierten Beispiele belegen, daß mit der Anwendung kurzlobigor Nuklide zur zersötrungsfreien Neutronenaktivierungsanalyse in Sonderwerkstoffen neue analytische Möglichkeiten erschlossen werden können.

Die Autoren danken Dr. *Stahlberg* (ZFW Dresden) und Dr. *Niese* (ZfK Rossendorf) für kritische Hinweise und die Förderung der vorliegenden Arbeit.

Eingegangen am 8. 10. 1979

Literatur

[1] *U. Herrmann, M. Kubsch, R. Stahlberg, W. Görner, S. Niese*, Isotopenpraxis 12 (1976) 380

[2] *W. Görner, G. Höhnel*, Nucl. Instrumente und Meth. 88 (1970) 193

Kurze Originalmitteilungen

Quality Control Kit for Determination of Insulin by Radioimmunoassay Method

V. Jovanović

(The Boris Kidrich Inst. Nucl. Sci., Beograd, Yugoslavia)

V. Knez-Rezo

(The General Hospital, Osijek, Yugoslavia)

(C62) INIS DESCRIPTORS:

accuracy; impurities; insulin; iodine 125; quality control; radioimmunoassay; radiopharmaceuticals

Insulin is one of early discovered hormones, in 1889. Its structural formula has been discovered by *Sanger* and it consists of two long polypeptide chains binded with two disulphide bonds. It is considered that in the labelled insulin the 75 per cents out of the total radioactivity was binded in a chain A, having acidic properties and 21 amino-acid, while the chain B has alkali properties and contains 30 amino acids.

The radioimmunoassay method for insulin determination was proposed by *Yalow* and *Berson* and it has a large clinical application. This method has been based on the competition reaction between the labelled and unlabelled insulin for a limited number of binding sites on a specific antibody [1].

The evaluation of the labelled insuline quality as a component as well as the evaluation of the system in a whole is an important area of concern, exspecially for those institutions involved in commercial production. The results of the labelled insulin control quality have great influence also on the assay done in clinical laboratories.

According to *Nicoloff* the results of control obtained on one RIA system depend on many factors such as equipment, reagents, samples, analysis procedures as well as on the staff which performes the test. The most frequently used equipment for the RIA system is that used for measuring solution volumes and counting systems. The main demand for preparing standard solutions is the reproducibility of measured, while the accuracy of calibration is less important. The application of ^{125}I insulin in radioimmunoassay imposes frequent calibration of counting system with the long life radionuclide ^{129}I, which has a similar radiation energy as ^{125}I [2].

Under reagents control it is understood the investigation of antibody quality (titar, avidity and specificity), the control of the labelled ligand (radiochemical purity, immunoreactivity, percentage determination of binding at hormones zero concentration, and so on).

The main purpose of this work was to investigate the radiochemical purity of the labelled insulin and to determin the binding at zero concentration of hormones, nonspecifity and the accuracy of the method.

Experiments and results

a) The radiochemical purity of the labelled insulin is determined by the precipitation method using 10 per cents solution of trichlor acetic acid. The results obtained are shown in Tab. 1.

Tab. 1. Radiochemical purity of ^{125}I insulin determined by the precipitation method

Samples of ^{125}I insulin	Imp./min		^{125}I insulin	^{125}I
	precipitate	supernatant	%	%
Undiluted	5977956	128335	97·9	2·1
Dilution 1:10	312164	10532	96·7	3·3
Dilution 1:200	15701	985	94·1	5·9

It can be seen from the obtained results that the undiluted labelled insulin has smaller percentage of a free unbounded ^{125}I in relation to the same preparation which was diluted as in a kit with the corresponding buffer system. Radioactivity in the supernatant was analysed by electroforetic method and by this method only the presence of free ^{125}I was proved. This method is fast and very convenient for the following of radiochemical purity during the production process.

b) *Binding at hormones zero concentration*

This parameter is of a great importance for the realization of RIA test, since it enables the following of the reaction between the antibody and the labelled ligand, as well as of the separation efficiency. The decreased binding at zero concentration may be caused by the high nonspecific binding, low antibody titar, or by the incomplete separation of binding of the free hormone fraction.

The sample chosen for binding determination contains the labelled insulin, the specific antibody and serum without hormones.

The binding results are calculated by correcting the impulses of the binded fraction at hormones zero concentration for the nonspecific binding (NSB) and by dividing it with the corrected total impulses (B_0/T.100). The results obtained are shown in Tab. 2.

Tab. 2. Binding at ^{125}I insulin zero concentration

Number of measurements	Imp./min					$B_0/T \cdot 100$
	NSB	*B*		*T*		
		measured	corrected	measured	corrected	
1*	1814	11714	9900	35863	34094	28·0
2	1668	13943	12275	44443	42775	28·9

*) The results obtained are measured three times.

It can be seen from the above results that the binding value lays in the optimal limits and it indicates the undamaged immunoreacitivty of ^{125}I insulin.

c) *Non-specific binding (NSB)*

Non-specific binding shows the error occuring in the system, caused by non-specific precipitation of ^{125}I insulin, i.e. binding on the tube walls and also shows the error in separation of free from the binded fraction. The sample for non-specific binding contains the labelled insulin and serum without insulin.

In our study, the obtained value for the non-specific binding is below 5 per cents. If the values for NSB exceed 5% then the total error of binding increases (B/B_0).

d) *Control of accuracy method*

Accuracy control is done by using standard solutions with exactly declared values of insulin concentration. The values are expressed by revocery test.

Assay samples contain one half of the reaction volume of known and increasing concentration of standard solution, and then the other half of the serum reaction volume of known concentration is added. The results obtained are shown in Table 3.

Tab. 3. Accuracy results

Samples	Insulin concentration, μU/ml				
Standards	10·0	20·0	22·0	40·0	80·0
Serum	17·75	17·75	17·75	17·75	17·75
Measured value	30·1	37·4	41·8	68·4	95·9
Expected value	27·75	37·75	39·75	57·75	97·75
Recovery, %	108·4	99·0	118·4	98·1	105·1

According to the results shown, the average accuracy amounts to 104·0% and that is the satisfactory accuracy result.

e) *Standards*

In order to measure the insuline concentration in unknown samples, it is important to find the dilution curve for the known insulin quantity. Thus, the constant inter-assay control is achieved and the results obtained can be compared to the results obtained in some other laboratories [3].

The statistic control of the standard curve is the subject of our further investigation.

Clinical application of the equipment presents very important quality control of one of the laboratory methods. If it is possible to distinguish in clinical practice the normal from pathological state, it means that the equipment is applicable for clinical investigations. With our kit we obtained very satisfactory clinical results.

Conclusion

On the base of the performed analysis of the equipment for radioimmunological determination of ^{125}I insulin, it can be concluded that this method completely corresponds to the accepted standards in quality control.

Received November 6, 1979

References

[1] *R. S. Yalow, S. A. Berson*, J. Clin. Invest. 39 (1960) 1157

[2] *E. L. Nickoloff, J. I. Thorell*, A Hospital Program for Radioimmunoassay Quality Control, p. 397

[3] *C. M. Boyd, J. E. Slayden, J. F. Vandergrift*, Quality Control and Normal Ranges, p. 105; in: *A. J. Moss* at all Practical Radioimmunoassay; The C. V. Mosly Company Saint Louis 1976

Tagungsberichte

XI. Internationales Symposium „Autoradiographie", in Kołobrzeg, VR Polen, vom 1. bis 6. 10. 1979

Einer mehr als zehnjährigen Tradition folgend veranstalteten das Institut für Kernforschung Warschau und die Polytechnische Hochschule Poznań in Kołobrzeg das XI. Internationale Symposium „Autoradiographie". An dieser Tagung nahmen Wissenschaftler aus der ČSSR, der DDR, der SFR Jugoslawien, der VR Polen, der UdSSR und der VR Ungarn teil. In insgesamt 33 Vorträgen wurde über die methodische Weiterentwicklung der Autoradiographie, einschließlich der Auswertung von Autoradiogrammen und theoretischer Fragen, über die Weiterentwicklung und Anwendung der Festkörperspurdetektor-Autoradiographie und über die Anwendung autoradiographischer Verfahren in Volkswirtschaft und Forschung berichtet. Dabei erhielten die Teilnehmer des Symposiums einen guten Überblick über den Stand und die Tendenzen der Entwicklung der Autoradiographie in den beteiligten Ländern.

In zwei Plenarvorträgen, die das Symposium eröffneten, wurde eine Standanalyse hinsichtlich der Einordnung der Autoradiographie in das Spektrum nuklearer Analysenverfahren, insbesondere unter dem Aspekt der Analytik in der Mikroelektronik (*H. Koch*, DDR) und hinsichtlich anzustrebender Geräteentwicklungen zur Auswertung von Festkörperspurdetektoren (*I. A. Golenishchev* u. a., UdSSR) vorgenommen.

Methodisch neue Detektionsprinzipien wurden in Beiträgen zur Betarückstreu-Autoradiographie (*J. Rant* u. a., SFRJ), zur strahlungsinduzierten Festkörperlumineszenz (*G. Boden*, DDR) und zur Nutzung von Si-Diodentargets (*H.-Ch. Treutler* u. a., DDR) vorgestellt.

Zum Problem der meßtechnischen Erfassung autoradiographischer Daten berichteten *W. Birkholz* u. a. (DDR, VRU) über einen Meßvergleich zwischen Digitalphotometrie und elektronischer Äquidensitometrie bei der Bestimmung integraler Substanzgehalte. Die hohe Genauigkeit der Digitalphotometrie in Mikrobereichen wurde von *F. Myšák* und *J. Špunda* (ČSSR) am Beispiel des Mikrodensitometers Scandig-3 gezeigt. *H.-Ch. Treutler* u. a. (DDR) sprachen über Möglichkeiten der Auswertung doppeltmarkierter Objekte durch elektronische Bildsubtraktion mit dem Gerätesystem „Densitron". Einen Fortschritt in Richtung der quantitativen Auswertung von Autoradiogrammen brachten die Beiträge von *G. Deuretzbacher* u. a. (DDR, VRP) zur Korrektur und Bestimmung von autoradiographisch an Schrägschliffen ermittelten Tiefenkonzentrationsprofilen und von *T. Chajęcki* (VRP) zur gleichen Problematik.

In zunehmendem Maß gewinnen Festkörperspurdetektoren auch auf dem Gebiet der Autoradiographie und der neutroneninduzierten Autoradiographie an Bedeutung. Über wesentliche methodische Fortschritte für die Auswertung von Festkörperspurdetektoren (FSD) berichteten *G. Somogyi* u. a. (VRU). Die elektrochemische Ätzung der FSD vereinfacht die optische Auswertung. Mit Hilfe der dyeing-Technik (Einfärbung latenter Spuren ohne chemische Ätzung) kann das örtliche Auflösungsvermögen der FSD-Autoradiogramme erhöht werden. Schließlich stellten *G. Somogyi* u. a. ein neues Detektormaterial mit verbesserten Eigenschaften vor. CR-39, ein Hochpolymer idealer lateraler Empfindlichkeit für alle schweren Partikel wie α-Teilchen, Protonen, leichte und schwere Ionen, besitzt eine hohe optische Qualität.

Die Anwendungspalette von Festkörperspurdetektoren für autoradiographische Zwecke hat sich deutlich erweitert. *K. Freyer* u. a. (DDR, VRU) zeigten, daß unter Nutzung einer 1 mg-^{252}Cf-Neutronenquelle mit Makrofol-E als Detektor Borgehalte bis zu 1 ppm z. B. in Halbleitersilizium mit einer Genauigkeit von $\pm 20 \ldots 50\%$ bestimmt werden können. Weiterhin wurde über eine Vielzahl volkswirtschaftlich bedeutsamer Probleme wie die Untersuchung borierter Stähle (*H. Firganek* u. a., VRP; *K. Lehofer* u. a., VRU), C- und B-Bilanzen in Eisenwerkstoffen (*L. Waliś* u. a., VRP) und die Bestimmung von B- und N-Verteilungen in Metallen (*K. Freyer* u. a., DDR, ČSSR) berichtet. Interessante Anwendungen von Festkörperspurdetektoren wurden auch von *T. Varro* u. a. (VRU) zur Untersuchung von Ionentransportvorgängen in Photopapier und von *L. Medveczky* u. a. (VRU) zur Dichtheitsprüfung medizinischer Ra-Präparate und zur Strahljustierung an Beschleunigern vorgestellt. *M. Kusowski* u. a. (VRP) beschrieben Reinheitsuntersuchungen an zonengeschmolzenen Metallen mit Festkörperspurdetektoren.

Schließlich wurden in neun Beiträgen praktische Anwendungen der Halogensilber-Autoradiographie vorgestellt. Hervorzuheben sind hier neue Einsatzgebiete wie Korrosionsforschung und Landwirtschaft. Dazu berichteten unter anderen *M. Radwan* u. a. (VRP) über die Bestimmung der Wirksamkeit von Anlagen zur Beschichtung von Saatgut mit Schutzmitteln und *W. Hübner* (DDR) sowie *A. Pinkowski* (DDR) über mechanochemische Vorgänge an Phasengrenzflächen (Korrosion, Oberflächenveredlung, Schutzschichten). Weitere anwendungstechnische Themen waren das Eindringverhalten von Wasser in Kunststoffe (*Ž. Jokš* u. a., ČSSR, DDR), die Thermodiffusion in Metallen (*M. J. Buda* u. a., VRP), Elementarprozesse der sintermetallurgischen Technologie (*L. Bartha*, *L. Kozma*, VRU) und Elementverteilungen in Monokristallen (*K. Cichomska* u. a., VRP, ČSSR).

In sechs Vorträgen wurden Forschungsergebnisse vorgestellt, die das Resultat mehrjähriger internationaler Zusammenarbeit zwischen Arbeitsgruppen der ČSSR, der DDR, der VR Polen und der VR Ungarn sind. Die wachsende Zahl solcher Beiträge — zum X. Internationalen Symposium „Autoradiographie" 1977 in Eisenach waren es nur zwei — widerspiegelt eine langjährige erfolgreiche wissenschaftlich-technische Kooperation zwischen den Autoradiographie-Labors dieser Länder.

Am Rande des XI. Internationalen Symposiums „Autoradiographie" wurde mit einem Vertreter des Sekretariates des RGW über Fragen einer erweiterten Zusammenarbeit zwischen den RGW-Ländern auf dem Gebiet der Autoradiographie beraten.

Besonderer Dank gilt den Veranstaltern, die durch eine sehr gute Organisation des Symposiums wesentlich zu seinem erfolgreichen Verlauf beitrugen.

K. Freyer, H.-Ch. Treutler

Eingegangen am 3. 1. 1980

Informationen

IAEA. Die Internationale Atomenergie-Agentur (IAEA) veranstaltet im Jahre 1980 u. a. folgende wissenschaftliche Tagungen (einige davon in Zusammenarbeit mit anderen Organisationen):

— Internationales Symposium der IAEA und CEC über die Behandlung von alphakontaminierten Abfällen, Wien, Österreich, 2.—6. Juni 1980.
— Achte Internationale Konferenz über Plasmaphysik und Forschung auf dem Gebiet der kontrollierten Kernverschmelzung, Brüssel, Belgien, 1.—10. Juli 1980.
— Internationales Symposium über die Verwendung von Radionukliden zur Darstellung in der Medizin, Heidelberg, BRD, 1.—5. September 1980.
— Internationales Symposium der IAEA und NEA über die Auswirkungen der Freisetzung von Radionukliden in Gewässer, Wien, Österreich, 6.—10. Oktober 1980.
— Internationales Symposium über biomedizinische Dosimetrie: Physikalische Aspekte, Instrumentierung und Kalibrierung, Paris, Frankreich, 27.—31. Oktober 1980.
— Internationales Symposium der IAEA und FAO über Kombinationsverfahren bei der Nahrungsmittelbestrahlung, Colombo, Sri Lanka, 24.—28. November 1980.

IAEA. Neue Publikationen der Internationalen Atomenergie-Agentur:
Behaviour of Tritium in the Environment (Proc. Series — STI/PUB/498);
Decommissioning of Nuclear Facilities (Proc. Series — STI/PUB/500);
Plasma Physics and Controlled Nuclear Fusion Research 1978 (Proc. Series — STI/PUB/495);
Fabrication of Water Reactor Fuel Elements (Proc. Series — STI/PUB/499);
Nuclear Safeguards Technology 1978 (Proc. Series — STI/PUB/497).

IAEA. Nummer 5/1979 des Bulletins der Internationalen Atomenergie-Agentur enthält u. a. folgende Beiträge:
India's Atomic Energy Programme — Past and Future (*H. N. Sethna*);
Pattern and Impact of the Agency's Technical Assistance Programme in the Asia and Pacific Region (*D. A. Nethsinghe*);
The Development and Functions of the Indian Secondary Standards Dosimetry Laboratory (*G. Subrahmanian*);
The Economic and Social Significance of RCA Regional Co-operative Projects (*E. E. Fowler*);
Maintenance of Nuclear Instruments in South-east Asia (*P. H. Vuister, B. Hoop*).

IAEA/Großbritannien. Fachleute aus 11 Mitgliedstaaten der Internationalen Atomenergie-Agentur (IAEA) und der Weltgesundheitsorganisation (WHO) nahmen an der zweiten Koordinierungstagung zu einem Forschungsprogramm über die Verbesserung der Strahlentherapie von Krebs durch Erhöhung der Strahlenempfindlichkeit von Zellen teil, die vom 26. bis 29. November 1979 in Cambridge, Großbritannien, stattfand.

Infolge der höheren Lebenserwartung und anderer sozialer und umweltbedingter Faktoren ist der Krebs zu einem weitverbreiteten Problem geworden. Chirurgie, Bestrahlung und Chemotherapie sind heute die wichtigsten Behandlungsmethoden. Obwohl durch ihre Kombination sehr beachtliche Erfolge erzielt werden können, ist die Zahl der Heilungen noch immer unbefriedigend.

Zur Verbesserung der Erfolgsrate wurden viele grundlegende biologische Untersuchungen und klinische Forschungen über den Krebs durchgeführt. Die radiobiologische Grundlagenforschung hat ergeben, daß in vielen bösartigen Tumoren hypoxische Zellen vorkommen, und es ist sehr wichtig zu wissen, wie man diese Zellen zerstören kann, um den therapeutischen Gewinn zwischen Tumorbekämpfung und Schädigung des gesunden Gewebes zu erhöhen. Mehrere Verbesserungsmöglichkeiten wurden vorgeschlagen, unter anderem die Verwendung hypoxischer Substanzen, die die Strahlenempfindlichkeit erhöhen, eine Methode, die sich als die wirkungsvollste und wertvollste erweisen könnte.

In Zusammenarbeit mit der WHO wurde 1975 ein koordiniertes Forschungsprogramm über die Verwendung chemischer Substanzen in Angriff genommen, die die Strahlenempfindlichkeit erhöhen. Radiobiologen und Mediziner aus 14 Mitgliedstaaten der IAEA sind daran beteiligt (Argentinien, Bangladesh, BRD, Großbritannien, Indien, Japan, Jugoslawien, Österreich, Pakistan, Polen, Rumänien, Schweden, Sowjetunion, USA). Mehrere Substanzen (z. B. Derivate von Stickstoffverbindungen) werden bereits klinisch getestet, und neue, weniger toxische und/oder wirksamere Derivate wurden entwickelt und einer vorbereitenden Erprobung unterzogen.

Die erste Koordinierungstagung zu diesem Programm fand 1977 statt. Auf der zweiten Beratung wurden die seither erzielten Ergebnisse beurteilt. Zur Debatte standen vor allem Fortschritte bei der Prüfung verhältnismäßig ungiftiger hypoxsicher Chemikalien, die die Strahlenempfindlichkeit erhöhen, die Analyse ihrer Wirkungsmechanismen, ihre Wirkung in Kombination mit anderen Chemikalien oder Behandlungsmethoden und die Möglichkeiten ihrer klinischen Erprobung in der Krebstherapie.

IAEA/Indien. Auf der 23. Ordentlichen Tagung der Generalkonferenz der Internationalen Atomenergie-Agentur (IAEA), die Anfang Dezember 1979 in Neu-Delhi (Indien) stattfand, wurde *B. Goldschmidt* (Frankreich) zum Vorsitzenden des neu konstitutierten Gouverneursrats für 1979/80 gewählt. Stellvertretende Vorsitzende wurden *G. Sitzlack* (DDR) und *A. Garcia-Lopez Santaolalla* (Mexiko). Neue Mitglieder des Gouverneursrats, dem insgesamt 34 Mitgliedstaaten der IAEA angehören, für zwei Jahre sind: Chile, DDR, Irland, Jugoslawien, Kenia, KVDR, Mexiko, Niger, Pakistan, Philippinen, Schweiz.

DDR. In der Reihe der Mitteilungen des Zentralinstituts für Isotopen- und Strahlenforschung der AdW der DDR, Leipzig) (ZFI-Mitteilungen) sind zuletzt erschienen:

Nr. 25: Veröffentlichungen und Vorträge 1978 aus dem Zentralinstitut für Isotopen- und Strahlenforschung der AdW der DDR, Leipzig (Übersicht) mit Kurzreferaten sowie Autoren- und INIS-Deskriptorenverzeichnis.

Nr. 26: 2. Arbeitstagung „Isotope in der Natur" (5.–9. 11. 1979, Leipzig), Band 1: Zusammenfassungen der Vorträge.

Nr. 27: Beiträge zur Isotopenanalytik (Auswahl von Arbeiten zur Bestimmung von Isotopenhäufigkeiten stabiler Isotope sowie zur Messung der ^{14}C- und ^{3}H-Gehalte in natürlichen Proben).

Die ZFI-Mitteilungen können direkt vom Institut bezogen werden.

DDR. Der Leipziger Kommissions- und Großbuchhandel (LKG), 701 Leipzig, Postfach 520, hat den Literaturkatalog 1979 für lieferbare Fach- und wissenschaftliche Literatur sowie Belletristik in englischer, französischer, spanischer und arabischer Sprache herausgegeben. Die Literatur in den genannten Sprachen ist jeweils wie folgt gegliedert:

Klassiker des Marxismus-Leninismus, Gesamtdarstellungen zu Fragen des Marxismus-Leninismus; Philosophie, Wissenschaftlicher Sozialismus und Kommunismus, Auseinandersetzung mit nichtmarxistischer Philosophie, Soziologie, Psychologie; Geschichte; Wirtschaftswissenschaften; Staat und Recht, Militärwesen; Pädagogik, Kulturtheorie, Sprachwissenschaft; Mathematik; Naturwissenschaften; Medizin; Technik und Industrie; Land- und Forstwirtschaft; Physische und ökonomische Geographie; Literatur- und Kunstwissenschaften; Belletristik.

Der Katalog ist in allen Buchhandlungen der DDR kostenlos erhältlich.

BRD. Der Verlag Karl Thiemig, München, hat im Rahmen seiner Taschenbuchreihe den Band 83 – Abkürzungen der Kernkraftwerkstechnik – herausgegeben (Teil I, englische Abkürzungen – 199 Seiten; Teil II, deutsche Abkürzungen – 57 Seiten, Preis DM 36,–). Diese von *G. H. Freyberger* (Effeltrich/Oberfranken) verfaßte Zusammenstellung enthält etwa 5200 englische und etwa 1400 deutsche Abkürzungen aus dem Gebiet der Kerntechnik. Diese Abkürzungen sind im wesentlichen englisch- und deutschsprachiger Literatur entnommen. Das Ziel dieser Sammlung besteht darin, allen auf diesem Gebiet Tätigen und sonstigen Interessenten ein Hilfsmittel in die Hand zu geben und gleichzeitig einen weiteren Schritt zur Vereinheitlichung der auf dem Gebiet der Kerntechnik verwendeten Abkürzungen zu tun.

UdSSR. Heft 11/1979 der Zeitschrift „Atomnaja Energija" enthält u. a. folgende Beiträge:

Untersuchungen und Entwicklungen zu den wasserchemischen Regimes und zur Chemie des Kühlwassers von KKW (*W. M. Sedow* u. a.);

Abtrennung von Jod-Radionukliden aus gasförmigen Medien mit einem Blocksystem selektiver Sorbentien (*L. N. Moskwin* u. a.);

Wärmeausdehnung von Konstruktionsgraphit und der Einfluß von Neutronenbestrahlung (*J. S. Wirgilew*);

Messung der Tritiumkonzentration im Schwerwasserreaktor (*J. W. Djadin* u. a.);

Kriterien für die Auswahl eines Extraktors (*S. M. Karpatschewa*);

Kurze Originalmitteilungen:

Untersuchung der Diffusion von Kobalt in den austenitischen Chrom-Nickel-Stählen OCh16N15M3B und 1Ch18N10T (*L. W. Pawlinow* u. a.).

Frankreich. Zum Präsidenten der Interministeriellen Kommission für künstliche Radionuklide (Commission Interministérielle des Radioéléments artificiels) wurde Staatsrat *P. Huet* ernannt. In diese Kommission wurden weitere 16 Mitglieder berufen.

Frankreich. Auf Grund eines Erlasses der Minister für Industrie, für Wirtschaft und für den Staatshaushalt wurde beim Kommissariat für Atomenergie (CEA) eine Behörde für radioaktive Rückstände (Agence Nationale pour la Gestion des Déchets Radioactifs) gebildet, deren Aufgabe es ist, die Errichtung von Langzeitlagern für radioaktive Rückstände zu organisieren, erforderliche Forschungs- und Entwicklungsarbeiten in diesem Zusammenhang durchzuführen, Bedingungen für die Konditionierung der Rückstände festzulegen und sich an entsprechenden Arbeiten zu beteiligen. Ferner hat sie eine beratende Funktion bei der Aufstellung einschlägiger Forschungsprogramme und Ausarbeitung von Vorschriften und Richtlinien.

USA. Das Department of Energy (DOE) bearbeitet gemeinsam mit der britischen UKAEA ein Forschungsprogramm, das die Entwicklung eines neuen Verfahrens zur Behandlung hochaktiver Aktiniden zum Ziel hat. Dabei werden nach einer im Oak Ridge National Laboratory ausgearbeiteten Methode Americium und Curium aus hochaktiven flüssigen Rückständen abgetrennt und in Kapseln im britischen Schnellbrüterreaktor PFR mit hohen Neutronenflüssen bestrahlt. Dabei entstehen neben kurzlebigen Nukliden vor allem ^{137}Cs und ^{90}Sr, also Spaltprodukte mit einer Halbwertszeit von rund 30 Jahren. Die Halbwertszeiten der Aktiniden dagegen liegen bei mehreren hundert Jahren. Mit Hilfe dieses Verfahrens könnte das Gefahrenpotential hochaktiver Rückstände wesentlich verringert werden.

Buchbesprechungen

The Gamma Rays of the Radionuclides Tables for Applied Gamma Ray Spectroscopy

G. Erdtmann, W. Soyka. Weinheim — New York: Verlag Chemie 1979; 862 p.; hardcover DM 240,—

Der 1979 erschienene Band liefert auf 850 Seiten eine der umfangreichsten und aktuellsten Zusammenstellungen der Gamma- und Röntgenlinien radioaktiver Nuklide. Das Buch stellt eine Überarbeitung und Erweiterung des 1973 herausgegebenen dreibändigen Reports derselben Autoren dar, gegenüber dem die Zahl der erfaßten Nuklide von 1300 auf 2055 und die Zahl der Linien von 32000 auf 48000 erweitert wurde. Dabei fanden Literaturdaten, die bis Ende 1977 erschienen sind, Verwendung.

Die Edition ist gegliedert in zwei Tabellen, wobei Tab. 1 die Gamma- und Röntgenlinien, geordnet nach steigender Ordnungs- und Massezahl der Radionuklide, und Tab. 2 die nach der Energie geordneten Linien enthält. Außer Energie und Intensität der Linien werden Halbwertszeit, Erzeugungsreaktionen, Mutter- und Tochternuklide aufgeführt. Durch Aufnahme aller bekannten Nuklide bis zu einer bestimmten unteren Grenze der Halbwertszeit, also auch reiner Alpha-, Beta- und Elektroneneinfangstrahler, bleiben dem Benutzer Zweifel über u. U. nicht erfaßte Gammastrahler weitgehend erspart.

Die Autoren wenden sich mit ihrem Werk vorrangig an Wissenschaftler der verschiedensten Forschungsrichtungen, die mit Hilfe radioaktiver Nuklide analytische Aufgaben zu bewältigen haben. Als Tabellenwerk für die angewandte Gammaspektroskopie gedacht, wurde der Aufbau bewußt nach praktischen Gesichtspunkten gestaltet. Es gestattet bei der Analyse von Spektren schnelles und übersichtliches Arbeiten, wenngleich die durch Computerausdruck bedingte, von der Norm abweichende Symbolik für Nuklidbezeichnung und Einheiten der Hablwertszeit zunächst ungewohnt ist. Leider wurde aus Platzgründen bei allen Angaben auf die Fehlergrößen verzichtet, so daß im konkreten Fall über die vorhandenen vollständigen Literaturnachweise der Weg zur Originalarbeit gegangen werden muß. Allen Gammaspektroskopikern, aber auch allen anderen mit Radionukliden arbeitenden Wissenschaftlern, Medizinern und Ingenieuren kann dieses Werk auf Grund seiner Aktualität und Vollständigkeit besonders empfohlen werden. Jene, die bereits den Vorgänger benutzten, werden den neuen Band bald als zuverlässiges und unentbehrliches Hilfsmittel schätzen lernen. Bemerkenswert ist, daß Tab. 1 auf Magnetband vorliegt und Kopien davon bei den Autoren bestellt werden können.

K. Thieme

Complex Hydrides and Related Reducing Agents in Organic Synthesis

A. Hajós, Budapest: Akadémiai Kiadó 1979; 398 S., zahlr. Abb. u. Tab.; Leinen Ft 645,—

Komplexe Hydride gehören bereits seit vielen Jahren zu den wichtigsten selektiven Reduktionsmitteln des synthetisch arbeitenden Organikers. Eine Vielzahl spezieller Hydride findet auf den unterschiedlichsten Einsatzgebieten Anwendung. Neben der meist eindeutigen Reaktionsführung und den sauberen Reaktionsprodukten sind insbesondere die oft recht hohen Ausbeuten von Bedeutung. Die vorliegende Zusammenfassung umfaßt die Literatur zu diesem Gebiet bis Ende 1977. Es werden behandelt die Darstellung und die Reaktionen mit organischen Verbindungen von Alkali- und Erdalkalimetallhydriden, Boranen, Aluminiumhydriden, Metallborhydriden, Metallaluminiumhydriden, Silanen, Organozinnhydriden, Übergangsmetallhydriden, sowie analytische Verfahren, selektive Reduktionsmethoden mit komplexen Hydriden und mechanistische Aspekte der Reduktionsreaktionen. Auch die gezielte reduktive Deuterierung mit den verschiedensten Deuteriden ist enthalten. Neben der Kapitelübersicht gestattet ein umfassendes Register eine schnelle Information, die Formelbilder sind übersichtlich, die Darstellung ist knapp, die zitierte Literatur allerdings nicht ganz vollständig. So sind beispielsweise zur Hydroborierung nur 6 Literaturstellen angegeben, die Zusammenfassung von *G. Zweifel* und *H. C. Brown* in Org. Reactions (13, 1963) wird nicht erwähnt. Für den präparativ arbeitenden Chemiker ist diese gut ausgestattete Monographie jedoch zweifellos von großem Nutzen.

G. Domschke

MO-theoretische Methoden in der organischen Chemie

P. Birner, H.-J. Hofmann, C. Weiss. Berlin: Akademie-Verl. 1979 (Wiss. Taschenbücher) 222 S., 15 Abb., 7 Tab.; M 12,50

In dem in der WTB-Reihe beim Akademie-Verlag erschienenen Buch wird von den Autoren am Anfang eine knappe, sehr übersichtliche Darstellung der Grundlagen der Quantenmechanik gegeben und dann die quantenmechanische Behandlung von Mehrelektronensystemen erläutert. Relativ ausführlich werden die in der Quantenchemie organischer Moleküle fast ausschließlich benutzten LCAO-Verfahren beschrieben. Ausgehend von einigen allgemeinen Bemerkungen zur MO-theoretischen Interpretation der chemischen Bindung folgt ein Kapitel, das den Fragen der theoretischen Beschreibung der Molekülstruktur gewidmet ist. Schließlich legen die Autoren die Grundlagen der Theorie der chemischen Reaktivität dar.

Etwas abseits steht ein Kapitel zur MO-Theorie der Elektronenspektroskopie.

Am Schluß werden dem Leser einige allgemeine Hinweise zur Benutzung der MO-Methoden gegeben.

Übersichtliche Darstellung der einzelnen Rechenverfahren und ihrer Anwendbarkeit für die Probleme der organischen Chemie zeichnen das Buch aus.

Das Buch dürfte dem Chemiker, der zur Interpretation seiner Untersuchungsergebnisse, aber auch für die Planung neuer Experimente quantenchemische Hilfsmittel verwenden möchte, zum Beispiel aus der Literatur, ein gutes Hilfsmittel sein. Aber auch Chemiestudenten höherer Studienjahre oder all jenen, welche die „MO-theoretischen Methoden der organischen Chemie“ kennenlernen möchten, ist es zu empfehlen.

G. Seifert

Risiken und Nutzen der Strahlentherapie bösartiger Tumoren

Hrsg.: O. Messerschmidt, E. Scherer. Stuttgart: G. Thieme 1978; VIII + 127 S., 51 Abb., 30 Tab. (Strahlenschutz in Forsch. u. Praxis XIX); karton. DM 68,--

Der vorliegende Band ist ein Bericht über die 19. Jahrestagung der Vereinigung Deutscher Strahlenschutzärzte e. V. vom 2.—3. Juni 1978 in Essen. Dieses Gremium bemüht sich, unabhängig von den verschiedensten kontroversen Anschauungen über die Errichtung von Kernkraftanlagen in der BRD und der oft in unverantwortlicher Weise in der Öffentlichkeit ausgetragenen Diskussion über die Anwendung von Strahlung in der Röntgendiagnostik und Strahlentherapie, die letztlich die betroffenen Patienten verunsichert, einen wissenschaftlichen Standpunkt zu erarbeiten, der frei von tendenziöser Polemik sein soll.

Inhaltlich gliedert sich das broschierte Heft in: Risiken und Nutzen der Strahlentherampoe bösartiger Tumoren (31 S.), Strahlenschutzprobleme bei der Tumortherapie mit schnellen Neutronen (41 S.) und Strahlenschutz und Arbeitsmedizin (46 S.). Ausgewiesene Experten aus der BRD nehmen zu den einzelnen Themenkomplexen Stellung.

Besonders aktuell sind dabei die Probleme im Zusammenhang mit der Neutronentherapie, die sowohl methodische und apparative Möglichkeiten, als auch Strahlenschutzprobleme und klinische Erfahrungen beinhalten. Bedauerlich ist, daß die bisherigen umfangreichen Erfahrungen, die in der DDR auf dem Gebiet der Neutronentherapie seit 1971 gesammelt wurden und publiziert sind, dabei keine Berücksichtigung fanden.

Die 26 Autoren, unter ihnen Mediziner, Physiker und Strahlenbiologen, behandeln ein umfangreiches Spektrum an Problemen, das es dem Leser gestattet, sich einen Überblick über teilweise heftig diskutierte Themenkomplexe zu verschaffen. Der Handbuchcharakter des vorliegenden Heftes mit einem Sachverzeichnis erleichtert dabei eine schnelle Orientierung. Der kurzfristige Erscheinungstermin sichert die Aktualität der behandelten Themen. *K. Merkle*

Isotope Hydrology 1978, Vol. I/II.
Proc. of a Symposium Neuherberg, 19—23 June 1978

Vienna: IAEA 1979. Vol. I: 440 S., div. Abb. u. Tab.; karton. US $ 46,—; Vol II: 979 S., div. Abb. u. Tab.; karton. US $ 56,—

Die beiden Bände stellen die Veröffentlichung der Vorträge (einschließlich der dazu geführten Diskussionen) dar, die auf der Tagung „Isotopenhydrologie" vom 19.—23. Juni 1978 in Neuherberg bei München (BRD) gehalten wurden. Auf dieser Tagung, die gemeinsam von der IAEA und der UNESCO organisiert wurde, wurden 46 Vorträge gehalten. Der Gegenstand der Tagung, die Isotopenhydrologie, ist die 5. Fortsetzung zu dieser Thematik, die von der IAEA in den Jahren von 1963 bis 1979 jeweils initiiert und organisiert wurde. Es nahmen 156 Teilnehmer aus 43 Ländern und 10 Vertreter von 4 internationalen Organisationen teil — ein Spektrum, das sowohl die Bedeutung der Isotopenhydrologie als auch das Interesse an aktueller Wissensübermittlung deutlich macht.

Entsprechend dem Ablauf der Tagung sind die beiden Bände nach den jeweiligen Sektionen: Beziehungen zwischen Oberflächen- und Grundwasser, Isotopenuntersuchungen in der Montanhydrologie und im Tiefbau, Herkunft des Grundwassers und seine Charakterisierung, regionale Untersuchungen, Grundwässer in klüftigen Gesteinen, Grundwässer in ariden Zonen und Paläowässer, Geothermale Wässer, Untersuchungen zur Grundwassererneuerung, Oberflächenwässer und schließlich die Sektion, in der über Fortschritte und neue Methoden in der Isotopenhydrologie berichtet wurde, gegliedert.

Die einzelnen Beiträge aus geographisch recht unterschiedlichen Zonen der Erde — auch aus den unterschiedlichsten Stockwerken und Horizonten der Wasserleiter — sind in der überwiegenden Zahl dadurch gekennzeichnet, daß vom jeweiligen Problem her die Methoden und Interpretationen der Isotopenhydrologie deutlich wurden; nicht die Datensammlung, sondern ihre Interpretation für die Lösung des Problems ist vordergründig. Daß dem Leser von Veröffentlichungen häufig Fragen kommen, ist trivial; daß manche der Fragen auch gleich beantwortet werden, ist eine Besonderheit von Tagungsveröffentlichungen, und die IAEA in sonderheit macht häufig davon Gebrauch. Daß bei internationalen Symposien kritisch gefragt und manches auch in Frage gestellt wird, ist ein weiterer Vorzug der lesenwerten Diskussionen. Von den neuen vorgestellten Methoden sind erwähnenswert die ^{3}He/T-Methode, die ^{85}Kr-Methode in der Grundwasserdatierung und ein kritischer Vergleich der ^{39}Ar-, ^{14}C- und ^{85}Kr-Methode bei der Grundwasserdatierung, wie sie nach dem bisherigen Erfahrungsstand geübt und eingesetzt werden.

Die beiden Bände sollten in keiner Bibliothek fehlen, die auf dem Gebiet der Isotopenhydrologie relevante Nachweise führen will und führen muß. Dem praktisch arbeitenden und wirkenden Hydrologen/Hydrogeologen bieten sie viele Anregungen zur besseren Bearbeitung von Problemen. Die Isotopenhydrologie, die nur auf der Messung und Erklärung natürlicher Isotopenvariationen und Radioaktivitäten beruht, also nur natürliche Vorgänge messend verfolgt, ist ein modernes Beispiel für einen besonders rücksichtsvollen Umgang mit der Natur — sie sollte eine noch weitere Verbreitung erfahren. *H. Hübner*

Grundlagen der Theorie der Wechselwirkung von Strahlung mit Materie

P. A. Apanassewitsch. Minsk: 1977. 496 S., 46 Abb., 3 Tab. (in Russisch); M 16,50

In dieser in zwei Teile gegliederten Monographie über die Theorie der Wechselwirkung von Strahlung mit Materie werden im 1. Teil die grundlegenden Beziehungen und Gesetze systematisch entwickelt und erläutert und im 2. Teil auf nichtkristalline Medien (Gase, Flüssigkeiten, Lösungen, Defektzentren) in einem starken, zu nichtlinearer Response führenden Strahlungsfeld angewandt. Die Darstellung der Grundlagen beginnt mit dem Übergang von den mikroskopischen Gleichungen der Elektrodynamik zu den Gesetzen der Ausbreitung makroskopischer Felder in polarisierbaren Medien. Nach der Darlegung der Prinzipien einer quantenmechanischen Beschreibung von Teilchen und Feldern folgen einfache Beispiele der Wirkung von Strahlung auf Materie und die Ableitung kinetischer Gleichungen für die Dichtematrix für verschiedene Anwendungsfälle.

Im zweiten Teil wird stets davon ausgegangen, daß die elektrische Polarisation die Response der Substanzen auf das Strahlungsfeld vollständig beschreibt. Für verschiedene Annahmen über Resonanzzustände und Relaxationsprozesse in den betrachteten Medien werden sowohl für quasistationäre Strahlungsfelder als auch für Strahlungsimpulse die kinetischen Gleichungen aufgestellt und die lokalen optischen Charakteristiken berechnet. Dabei werden alle wichtigen Effekte der nichtlinearen Optik und Quantenelektronik besprochen. Besonderer Wert wird auf die Erklärung der physikalischen Inhalte der jeweiligen Näherungen und die Grenzen ihrer Anwendbarkeit gelegt.

Das Buch wendet sich an Fachleute, die auf den Gebieten der nichtlinearen Optik, Laserphysik und Quantenelektronik arbeiten, sowie an Studenten und Aspiranten dieser Spezialisierungsrichtungen.

A. Heinrich

Graphitische Werkstoffe für den Einsatz in Kernreaktoren Teil I: Pyrolytisch abgeschiedener Kohlenstoff

W. Delle, K. Koizlik, H. Nickel. München: Thiemig 1979. VIII + 257 S., 145 Abb., 8 Tab.; kartoniert-cellophaniert DM 26,–

In der Anwendung als Hüllenwerkstoff für Brennelemente der Reaktortechnik ist pyrolytischer Kohlenstoff eine entscheidende Grundlage für den gasgekühlten Hochtemperaturreaktor. Den Verfassern kann der gelungene Versuch bescheinigt werden, einen Überblick über das vorhandene Wissen zum Werkstoff Pyrokohlenstoff erarbeitet zu haben, der nicht nur für den speziellen Anwendungszweck nutzbar ist, wenn von Transporteigenschaften, weiteren Darstellungstechniken und Verwendungen abgesehen wird.

Ausgehend von den Anforderungen an die Funktion der Hüllschicht und den vom Hüllenwerkstoff zu gewährleistenden Eigenschaften wird der Rahmen für die nachfolgenden Abhandlungen vorgegeben, die sich mit der Beschichtungstechnologie, den Modellvorstellungen zum Abscheidungs- und Beschichtungsvorgang, dem Zusammenhang von Struktur und resultierenden Materialeigenschaften unter Beachtung des Hüllschichtaufbaus sowie der Erfassung vor allem struktureller und mechanischer Eigenschaften befassen. Besondere Aufmerksamkeit wird auch den Möglichkeiten und Problemen der Meßtechnik als Grundlage einer belastungsrelevanten Charakterisierung zuteil. Den Abschluß bilden die mit der Bestrahlung einhergehenden Änderungen in der Struktur und im Kriechverhalten.

Trotz der offensichtlichen Relevanz der thermomechanischen Beanspruchung der Kernbrennstoffteilchen wird dieser Belastungsfall in seiner Komplexität nicht behandelt. Dadurch leidet die Geschlossenheit der Ableitung und Beschreibung der erforderlichen Eigenschaftskombination.

Infolge der Eigenschaftsvariabilität von Werkstoffen auf der Basis von Pyrokohlenstoff ist eine breitere Anwendung in Wissenschaft und Technik, wie sie sich beispielsweise in der Humanmedizin angebahnt hat, zu erwarten. Demzufolge ist das Taschenbuch nicht nur für Fachleute der Reaktortechnik von Nutzen. Seine Durchsicht kann allen, die sich mit werkstoffwissenschaftlichen Problemen und der Anwendung von Sonderwerkstoffen befassen, empfohlen werden.

S. Kleber

atw-Kernenergie-Adreßbuch 1979/80

3. Ausg.; Bearb.: W. D. Müller u. R. Hossner; Düsseldorf/Frankfurt a. M.: Handelsblatt GmbH; 1979; 250 S. DIN A4; Kunststoff DM 64,–

Das Adreßbuch besteht aus 3 Teilen: Kernenergieadressen in der BRD; Namen — Wer ist Wer in der deutschen Kernenergie?; Bezugsquellenverzeichnis der Nuklearindustrie in der BRD. Dabei ist der Inhalt nicht nur auf Einrichtungen der Kernenergie beschränkt, sondern schließt auch solche der Kernforschung und Kerntechnik ein. In dem übersichtlichen Nachschlagewerk, in dem die Erfahrungen vorangegangener Auflagen verwertet sind, sind Anschriften von 475 Organisationen aus Forschung, Wirtschaft, Behörden, internationalen Organisationen, Auslandsvertretungen der BRD und spezieller Kernenergieorganisationen anderer Länder, Angaben über 1164 Einzelpersonen und ca. 550 Liefer- und Dienstleistungsgruppen enthalten. Die geringe Zeitspanne zwischen Redaktionsschluß im Juni und Herausgabe im September 1979 verdient hervorgehoben zu werden. Das am Ende des ersten Teiles neuerdings angefügte Register aller Adressen ermöglicht eine schnelle Orientierung. Kritisch muß angemerkt werden, daß die einschlägigen Einrichtungen sozialistischer Länder nicht mit der gleichen Sorgfalt korrekt aufgeführt sind wie die anderer Staaten. Der Vorteil einer differenzierten Gliederung der Liefer- und Dienstleistungsgruppen, der durch ein computererzeugtes Register in Deutsch und Englisch gegeben ist, wird durch die erschwerte Lesbarkeit beeinträchtigt, die bei derartigen Druckbildern leider häufig ist.

Auf Grund der umfassenden Zusammenstellung von Namen, Adressen und Bezugsquellen des Gebietes der Kernenergie, -forschung und -technik in der BRD ist dieses Buch ein wertvolles Nachschlagewerk für kaufmännische, technische und wissenschaftliche Experten auch außerhalb der BRD.

D. Plötner

Supraleitung

H. W. Weber, O. Hittmair. München: Karl Thiemig, 1979. 408 S., 196 Abb., 6 Tab; kartoniert DM 44,–

In dieser als Band 64 der Thiemig-Taschenbuchreihe erschienenen Publikation unternehmen die Autoren den gelungenen Versuch, eine im Rahmen eines Taschenbuchs mögliche Übersicht über die geschichtliche Entwicklung, die theoretischen und experimentellen Grundlagen und die Anwendungsmöglichkeiten der Supraleitung zu geben.

Das Buch ist in acht Kapitel gegliedert: Allgemeiner Überblick und historischer Rückblick, makroskopische Theorie, mikroskopische Theorie, grundlegende Experimente zur Supraleitung (u. a. Isotopieeffekt, *Josephson*-Effekte, spezifische Wärme und Wärmeleitung), Supraleiter im Magnetfeld, Hysterese in Typ-II-Supraleitern, Sprungtermperatur und kritisches Magnetfeld, Anwendungen der Supraleitung. Im letztgenannten Kapitel wird vor allem auf den erreichten Stand und die künftigen Möglichkeiten der Anwendung supraleitender Magnete in Forschung und Technik, supraleitender Kabel für die Energieübertragung und auf meßtechnische Anwendungen eingegangen, wobei den Materialfragen besondere Aufmerksamkeit geschenkt wird. Ein Literatur- und ein Sachwortverzeichnis vervollständigen diese in der bekannten Qualität der Thiemig-Taschenbücher hergestellte Monographie.

K. Uhlig

Handbuch zur Anwendung der Nomenklatur organisch-chemischer Verbindungen

W. Liebscher (Hrsg.). Berlin: Akademie-Verlag 1979. 1076 S., 147 Tab.; Leinen M 135,–

Gegenwärtig wird die Zahl der bekannten organisch-chemischen Verbindungen auf etwa 6 Millionen geschätzt; man rechnet mit einer jährlichen Zunahme von rund 250000.

Diese beiden Zahlen allein machen deutlich, welch eminente Bedeutung einheitlichen Regeln für die Nomenklatur chemischer Verbindungen zukommt, um eine bestimmte Struktur eindeutig bezeichnen und umgekehrt aus der Bezeichnung die richtige Struktur ableiten zu können.

Der äußerst schwierigen und zeitaufwendigen Aufgabe, eine vollständige Neubearbeitung der Nomenklatur chemischer Verbindungen vorzunehmen, hat sich die International Union of Pure and Applied Chemistry (IUPAC) nach ihrer Rekonstituierung im Jahre 1947 angenommen.

Das vorliegende, unter der Herausgeberschaft von *W. Liebscher* entstandene Handbuch ist der erste umfassende Leitfaden für die Anwendung der IUPAC-Nomenklaturregeln in deutscher Sprache.

Nach einem kurzen Abriß der Geschichte der chemischen Nomenklatur und einem Allgemeinen Teil (Terminologie, Namenstypen, Nomenklatursysteme, Konstruktion und Schreibweise der Namen chemischer Verbindungen) folgt ein spezieller Teil über die Nomenklatur der Verbindungsstämme, der funktionellen Derivate, spezieller Verbindungsklassen und polymerer Verbindungen. Ein Literatur- und ein Namen-Verzeichnis vervollständigen das Handbuch, das in keiner fachverwandten Bibliothek fehlen sollte.

K. Uhlig

Nuclei and Particles,

E. Segrè. 2nd Edition. Reading, Mass. (USA): W. A. Benjamin, Inc. 1977. XX + 966 S.; Ganzgewebeeinband US-$ 29.50

E. Segrè — ein Schüler *Fermis* und 1959 zusammen mit *O. Chamberlain* für die Entdeckung des Antiprotons mit dem Nobelpreis für Physik ausgezeichnet — kennzeichnet die Zielsetzung seines Buches mit dem Untertitel „An Introduction to Nuclear and Subnuclear Physics". Sein Werk ist dementsprechend als Lehrbuch konzipiert, das dem Leser die Grundlagen für eine Tätigkeit auf den genannten Gebieten nahebringen soll. Der Hauptakzent liegt dabei auf der Vermittlung eines genügend großen — aber keineswegs oberflächlichen — allgemeinen Überblicks. Grundkenntnisse in der Quantenmechanik werden vorausgesetzt. Der Stoff ist in drei Hauptteile gegliedert, deren Inhalt sich teilweise schon im Buchtitel widerspiegelt, nämlich in experimentelle Hilfsmittel, Physik des Atomkerns und Elementarteilchenphysik. Behandelt werden alle wesentlichen Probleme dieser Gebiete aus moderner Sicht. Die Darstellungsweise des Autors ist sehr anschaulich, teilweise sogar fesselnd, und zahlreiche illustrative Abbildungen erleichtern das Verständnis. Erwähnenswert sind auch die vielen sorgfältig ausgewählten bibliographischen Hinweise und Übungsaufgaben (mit recht unterschiedlichem Schwierigkeitsgrad) am Ende jedes Kapitels.

Man merkt es diesem Buch an, daß ihm mehr als fünfzig Jahre Erfahrung des Autors in Forschung und Lehre zugute gekommen sind. Es dürfte in der Hochschulausbildung außerordentlich nützlich sein. Daneben wird es dem in der Kern- und Elementarteilchenforschung tätigen Physiker häufig Hinweise bei der Lösung von Problemen geben können, sobald Nachbargebiete des eigenen, oft eng begrenzten Tätigkeitsfeldes berührt werden.

D. Pabst

Environmental Isotope Data No. 6: World Survey of Isotope Concentration in Precipitation (1972—1975)

Technical Reports Series No. 192; IAEA, Vienna 1979, 188 S.; US-$ 16.00

Im Mai 1969 erschien unter dieser Überschrift die erste Nummer der Reihe Environmental Isotope Data und faßte die Meßwerte von T, D und ^{18}O einschließlich der dazugehörigen meteorologischen Angaben für den Zeitraum von 1953 bis 1963 zusammen. In rascher Folge erschienen dann im Juni 1970 die No. 2, im September 1971 die No. 3, im Juni 1973 die No. 4 und im April 1975 die No. 5 — jeweils jährliche Meßwerte zusammenfassend. Während die No. 5 noch einen Umfang von 310 Seiten hatte und doch nur den Zeitraum 1970/71 erfaßte, fällt bei der vorliegenden No. 6 sofort der geringere Seitenumfang trotz des größeren Zeitraumes auf; eine neue Drucktechnik hat diese Kompression ermöglicht.

Jede Meßstation, insgesamt 164, ist durch ihre geographische Längen- und Breitenangabe, ihre Meeresspiegelhöhe, ihre mittlere Jahrestemperatur und durch ihren mittleren Jahresniederschlag gekennzeichnet. Von jedem Monat erfolgen dann die Angaben über Niederschlagsmenge, Niederschlagsart, Temperatur, Wasserdampfdruck und die Isotopenkonzentrationen in den gewohnten Einheiten (TU und $\delta ^0/_{00}$-Abweichung vom Vienna-SMOW-Standard). Jedes Meßlabor ist durch seine Code-Nummer erfaßt. Obwohl eine ziemliche Konstanz über Jahre hinweg hinsichtlich der beteiligten Meßlabors zu verzeichnen ist, können trotzdem geringe Abgänge und Neuzugänge festgestellt werden. So sind in der vorliegenden Nummer 6 allein 4 Meßlabors für Tritium als Neuzugänge zu verzeichnen; zum anderen ist ganz deutlich eine Zunahme an Meßlaboratorien für D und ^{18}O festzustellen (1968/69: 5 Labors; 1970/71: 5 Labors; 1972/75: 10 Labors).

Verkürzt gesagt: Es ist ein Tabellenwerk für die inputs an T, D und ^{18}O, den natürlichen Tracern des Wassers, und Wertüberzeugungen müssen für ein solches Tabellenwerk nicht bereitgestellt werden. Seine Bedeutung liegt in global/kontinentalen Bilanzierungen und kann bei erlaubter Vereinfachung auch regional/lokal wertvolle Angaben liefern. Diese Erweiterung der Datenbasis durch ein solches Ergänzungswerk einer fortlaufenden Reihe sollte in keiner Bibliothek eines Meßzentrums für natürliche Isotopenvariationen und von Instituten für Isotopenhydrologie/Isotopenhydrogeologie fehlen. Als Anwärter der neu entstehenden Disziplin Isotopenmeteorologie stellt es die Datenbasis für den angegebenen Zeitraum dar.

H. Hübner

The investigation of Diesel engine pistons was taken as an example to describe a method of determining maximum temperatures arising in an element labelled ^{85}Kr. The suitability of the method was shown together with the possibilities of its application for finding out the interrelation between the maximum temperature distribution through the piston an engine wear, particularly with regard to the clearance between the piston and the bush, as well as to the adjustment of the injection appliances.

На примере исследования поршней дизельных двигателей приводится способ определения максимальных температур, возникающих в меченом ^{85}Kr элементе. Была доказана пригодность данного способа для исследования двигателей. Приводятся возможности его применения для сопоставления распределения максимальных температур в поршне с износом двигателей, в частности применительно к зазору между поршнем и втулкой, а также к настройке форсунков.

A. Vyrsykovska, A. Lutze-Birk, L. Valish

Comparison of Various Versions of Lamination Methods for the Determination of Diffusion Coefficients

Isotopenpraxis **16** (1980) No. 5, p. 168 to 173
4 Fig., 2 Tab., 12 Ref.

A lamination method together with measurement of the activity of separated strata as well as the residual activity of samples was checked on a great number of diffusion studies carried out by using various radioactive isotopes. The determination of diffusion coefficients and the error analysis were utilized in order to test the reliability of yielded results. Comparison of the experiments with various diffusion sources and evaluation techniques show that with given evaluation conditions taken into consideration measurement of residual activity may be applied for the determination of diffusion coefficients to yield equally favourable results as the lamination method involving measurement of separated strata.

А. Вырцыковска, А. Лутце-Бирк, Л. Валишь

Сравнение различных вариантов метода отделения слоев для определения коэффициентов диффузии

Isotopenpraxis **16** (1980) вып. 5, стр. 168 до 173
4 рис., 2 табл., 12 лит.

На примере многих исследований процессов диффузии с применением различных изотопов проверялся метод отделения слоев с измерением активности снятых слоев и активности образцов. Процесс определения коэффициентов диффузии и проведения анализа ошибок был использован для проверки надежности полученных результатов. Сравнение экспериментов с различными источниками диффузии и методами обработки результатов показывает, что при условии соблюдения соответствующих условий обработки результатов, измерение остаточной активности так же пригодно для определения коэффициентов диффузии, как и метод отделения слоев с измерением снятых слоев.

U. Herrmann, W. Goerner

The Use of Short-Lived Nuclides for Nondestructive Neutron Activation Analysis in Special Materials

Isotopenpraxis **16** (1980) No. 5, p. 174 to 175
– Fig., 2 Tab., 2 Ref.

The application of short-lived nuclides for neutron activation analysis of Al, V, Cu and Nb in crystals and alloys is reported on. Especially influences on the error of analysis are discussed. A relative standard deviation of 0·014 was reached, if the contribution of counting statistics was less than 1 relative per cent.

У. Херрманн, В. Гернер

Применение короткоживущих изотопов при радиоактивационном определении примесей в специальных материалах

Isotopenpraxis **16** (1980) вып. 5, стр. 174 до 175
– рис., 2 табл., 2 лит.

Сообщается о применении короткоживущих изотопов при радиоактивационном определении Al, V, Cu и Nb в различных кристаллах и сплавах. Особое внимание обращено на источники ошибок анализа. Относительное стандартное отклонение равное 0,014 было достигнуто в том случае, когда вклад статистики счёта составлял менее 1 процента.

Letters to the Editor

V. Jovanović, V. Knez-Rezo

Quality Control Kit for Determination of Insulin by Radioimmunoassay Method (*in English*)

Isotopenpraxis **16** (1980) No. 5, p. 176 to 177
– Fig., 3 Tab., 3 Ref.

Письма в редакцию

В. Иованович, В. Кнезь-Резо

Контрольный набор для определения инсулина методом радиоиммуноанализа

Isotopenpraxis **16** (1980) вып. 5, стр. 173 до 177
– рис., 3 табл., 3 лит.

Meetings

Isotopenpraxis **16** (1980) No. 5, p. 178

Совещания

Isotopenpraxis **16** (1980) вып. 5, стр. 178

Information

Isotopenpraxis **16** (1980) No. 5, p. 179 to 180

Новости

Isotopenpraxis **16** (1980) вып. 5, стр. 179 до 180

New Books

Isotopenpraxis **16** (1980) No. 5, p. 181 to 184

Новая литература

Isotopenpraxis **16** (1980) вып. 5, стр. 181 до 184

Contents of this Issue

Articles

Letters to the Editor

Zeitfracht Medien GmbH
Ferdinand-Jühlke-Straße 7
99095 Erfurt, Deutschland
produktsicherheit@kolibri360.de